第2版

家装水电工
现场施工技能
全图解

贺　鹏◎编著

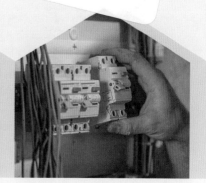

中国铁道出版社有限公司

CHINA RAILWAY PUBLISHING HOUSE CO., LTD.

内 容 简 介

为了更贴近家装水电施工实际，本书以现场实操及图解的方式，比较系统地讲解了家装水电设计原理、装修施工图纸读图技巧、水电工常用工具使用方法、各种水电材料的识别与应用、家装水电工施工实操技能、水电设备安装实操等内容。技能讲解的同时，融入更多的装修经验，帮助读者快速掌握家装水电工作业的施工技能。

本书图文并茂，强调动手能力和实用技能的培养，结合图解有助于增加实践经验。本书适合于从事家装行业的水电工和近期有装修计划的业主阅读和参考。

图书在版编目（CIP）数据

家装水电工现场施工技能全图解／贺鹏编著 . —2 版 . —北京：
中国铁道出版社有限公司，2023.5
ISBN 978-7-113-30081-4

Ⅰ.①家… Ⅱ.①贺… Ⅲ.①房屋建筑设备-给排水系统 - 建筑施工 -
图解②房屋建筑设备 - 电气设备 - 建筑施工 - 图解 Ⅳ.① TU821-64
② TU85-64

中国国家版本馆 CIP 数据核字（2023）第 051352 号

书　　名：家装水电工现场施工技能全图解
　　　　　JIAZHUANG SHUIDIANGONG XIANCHANG SHIGONG JINENG QUANTUJIE
作　　者：贺　鹏

责任编辑：荆　波　　　　编辑部电话：(010) 63549480　　　　邮箱：trade-off@qq.com
封面设计：高博越
责任校对：苗　丹
责任印制：赵星辰

出版发行：中国铁道出版社有限公司（100054，北京市西城区右安门西街 8 号）
印　　刷：番茄云印刷（沧州）有限公司
版　　次：2015 年 9 月第 1 版　2023 年 5 月第 2 版　2023 年 5 月第 1 次印刷
开　　本：710 mm×1 000 mm　1/16　印张：13.5　字数：249 千
书　　号：ISBN 978-7-113-30081-4
定　　价：59.80 元

前　言

一、为什么写这本书

装修是大部分房子在入住前需要做的一项费神费力的工作。由于装修过程中，有很多隐蔽工程，特别是水路和电路，会直接影响日后的使用，因此业主对家装水电等部分的选材和施工都特别重视。同时，家庭装修行业对家装水电工人才的需求不断增长，很多人想从事这一行业，但对家装水电工的知识和施工技能又掌握得很少。

为此，本书结合家装现场施工实操，以图解的方式详细讲解家装水电工施工实操的各种技能和注意事项。力求为水电工学习人员提供师傅带徒弟式的教程，帮助其快速成长为技能熟练的专业水电工家装人员。同时也为广大的业主提供家装水电工的专业知识指导，帮助其省心省力地完成装修。

二、全书学习地图

本书共分为三篇，第一篇首先介绍装修水电设计方面的相关知识，然后讲解装修图纸识图读图方法技巧和各种工具的使用技巧；第二篇详细讲解了各种水材料和电材料的特点、用处和选购技巧，然后重点展示了水路暗装施工和电路暗装施工操作实战；第三篇重点讲解了各种水设备和电设备的安装实战。

本书结合家装现场施工实操图解进行讲解，方便读者快速地掌握水电工作业的各个施工技能。

三、本书特色

本书最大的特点是以实用为出发点，以家装现场施工实操为背景，以全彩实操图解的方式，系统地讲解各种水电材料的识别与应用、家装水电工施工实操技能等关键内容。

本书结合家装现场施工实操照片，并配合文字表达，既生动形象，又简单易懂，让读者一看就懂，并能按照图例指导进行实际操作。

四、读者定位

本书图文并茂，强调动手能力和实用技能的培养，结合图解有助于增加实践经验。本书适合于从事家装行业的水电工和近期有装修计划的业主阅读和参考，前者可通过本书的学习提升水电施工装修的技能水平，后者可从本书中了解家装水电施工的流程和细节，做到知己知彼。

五、结构安排与内容简介

本书涵盖水电设计、装修图纸读图、工具使用操作技巧、水电材料识别与应用、水路施工、电路施工、水电设备安装等内容。

其中，水电设计部分内容讲解了厨房、卫生间水路和电路改造设计原理。

装修图纸读图部分内容讲解了装修施工图的识读方法步骤、配电系统图的详细识图方法、灯具插座布置图的识图方法等。

工具使用操作技巧部分内容讲解了水电施工中常用工具的使用方法。

水电材料识别与应用部分内容讲解了水路中的给水管、排水管、阀门、水龙头、洗面器、坐便器等材料的识别、选购以及电路中的插座开关、配电器、管材等材料的识别与选购。

水路施工部分内容讲解了水路施工工艺流程、弹线、开槽、水管安装、打压试水、防水处理、排水管施工、卫生器具的安装、热水器安装等的施工注意事项、施工操作方法。

电路施工部分内容讲解了电路施工工艺流程，弹线、开槽、铺管、穿线、导线的连接、插座开关的安装、弱电安装等的施工注意事项、施工操作方法。

水电设备安装部分内容讲解了地漏施工、洗面盆安装、水龙头安装、坐便器安装、淋浴安装、厨房水槽安装、热水器安装、净水器安装、灯具安装、风暖浴霸安装等实战内容。

六、感谢

一本书的出版，从选题到出版，要经历很多的环节，在此感谢中国铁道出版社有限公司以及负责本书的各位编辑，不辞辛苦，为本书的出版所做的大量工作。

由于编者水平有限，书中难免有疏漏和不足之处，恳请业界同仁及读者朋友提出宝贵意见和真诚的批评。

整体下载包地址：http://www.m.crphdm.com/2023/0428/14593.shtml

编 者

2023 年 3 月

目录 CONTENTS

第一篇
水电工施工基础

第二篇
水电工施工操作实操

CHAPTER **4**

家装水材料全解析·······························61

CHAPTER **5**

家装电材料全解析·······························96

第三篇
水电设备安装实操

CHAPTER **8** 水设备安装技能实操 ··· **184**

CHAPTER **9** 电设备安装技能实操 ··· **199**

第一篇
水电工施工基础

　　本篇对家装水电工施工的基础知识进行了详细的讲解，对水电路改造设计原理、家装各工种的进场施工顺序、家装施工图纸识图方法、水电工施工常用工具使用方法等内容进行了细致阐述。

　　通过本篇内容的阅读，应了解家装水路和电路改造设计时需要注意的问题，并掌握水电图纸的读图技巧和水电工常用工具的使用方法。

CHAPTER 1

家装水电设计原理

在家装中，水电方面的装修至关重要。水电设计与装饰设计不同，水电设计首先是安全和实用，其次才是装饰效果。

1-1 水电工主要的工作

作为工种来讲，水电工是水（管）工和电工的总称。具体到操作个体，水电工就是负责安装建筑中电路和水路的工人，如图 1-1 所示。

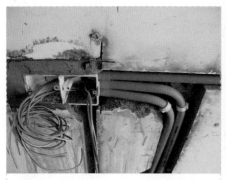

❶ 家装电工主要负责电线的铺设、插座开关的连接、灯具的安装连接、电度表和保险的安装连接等工作。

❷ 家装水管工主要负责给水管和排水管的改造、铺设、安装和测试等工作。

图 1-1　水电工

1-2 水路改造设计原理

1.厨房水路改造设计

　　厨房水路设计首先要想好与水有关的所有设备（比如：家庭净水器、洗菜盆或水槽、小厨宝、燃气热水器、净水机、软水机、洗衣机等）的位置、安装方式以及是否需要热水等，如图 1-2 所示。

❶ 厨房的水电改造前需要将橱柜设计师约到家中设计一个中意的方案，然后按照设计方案来改动水管和电路。

❷ 提前确定是燃气热水器还是电热水器，避免临时更换热水器种类，导致水路重复改造。使用何种热水器主要看的是厨房与卫生间的距离，如果两者距离近，加装燃气热水器比较合适；若两者距离远，可以考虑电热水器，这样热量损失小。需要注意的是，燃气热水器一定要安在离窗户近的地方，将热水器的排烟孔放到室外是最好的。

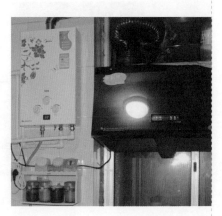

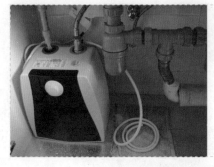

❸ 如果卫生间和厨房的距离较远，则厨房和卫生间不适宜共用一台热水器（由于距离远、容量大会造成热水慢、严重浪费水电等现象），最好在厨房安装一个小厨宝。

图 1-2 厨房水路改造设计

④ 洗衣机位置确定后，可以考虑把排水管做到墙里面，这样既美观又方便。还有一点尤其重要，洗衣机地漏最好别用深水封地漏，因为洗衣机的排水速度非常快且排水量大，深水封地漏的下水速度慢，很容易会导致水流倒溢。

图 1-2　厨房水路改造设计（续）

2. 主卫水路改造设计

主卫的设计理念：房主起居之用，洁具放置尽量简洁，满足最基本的要求即可，如图 1-3 所示。

❶ 由于主卫一般与主卧相连，私密性较强，所以装修风格可根据业主的喜好装饰，不必刻意要求与其他房间统一。同时，由于主卫的使用频率高于客卫，所以在材料的选择上应以耐磨和易清洗材料为主。

❷ 可以考虑在主卫安装浴缸，方便主人泡澡；但要根据房间的大小定制合适的浴缸。

❸ 现在的居室里很少有梳妆台，因此建议卫生间安装台盆作梳妆台之用。

❹ 马桶的选择主要考虑的是坑距，选择前需将尺寸量好。

图 1-3　主卫水路改造设计

3. 客卫水路改造设计

客卫的设计理念：将琐碎的东西尽量放在客卫。不但要满足基本的卫生间功能，也要将洗衣机、拖布池都放在客卫，还有加装的热水器，保持主卫的整洁性，如图 1-4 所示。

❶ 由于客人会用到客卫，所以客卫的装修理念要与客厅相符，体现出家的整体风格，但是不建议摆放过多装饰品，可用绿色植物点缀。客卫不妨选择明亮的冷色系，如淡蓝色、象牙白等，除了显得整洁外，冷色系也会从视觉上增大空间感。

❷ 客卫中的洗手盆可以考虑选择柱盆，这样可以节省空间。如果客卫空间较大，则可以考虑用台盆。

❸ 客卫中的洗浴最好选择淋浴，可以供多人使用。

❹ 如果有浴缸，电热水器不要选择 80L 以下的。如果住人数量只有两人，选 50～60L 即可，若超过两人，尽量选大一些的。

图 1-4　客卫水路改造设计

❺ 洗衣机建议放在客卫。需要注意的是，洗衣机最好不要与地漏共用一个下水口，因为洗衣机排水时流量较大，很容易向上溢水。

图1-4 客卫水路改造设计（续）

①-3 电路改造设计与工艺规范

**1.电路改造
设计原理**

　　家里的电路包括强电电路和弱电电路，在设计过程中的侧重点各有不同。强电系统首先要考虑的问题是安全，而弱电系统最先考虑的是稳定、可靠。强电电路要做到安全，首先要保证电线的规格符合要求，特别是芯线的横截面积。电路的改造设计如图1-5所示。

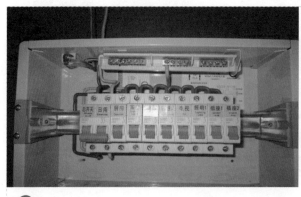

❶ 现在的住宅，按规定入户应使用$10mm^2$的铜芯线。通过家庭配电箱之后，就应该分多个回路，不同的回路根据其负荷的大小选用不同横截面积的电线。一般家庭的强电回路主要包括照明回路、空调回路、插座回路、厨房回路、卫生间回路等。

❷ 一般来说，照明回路可以采用$1.5mm^2$的铜芯线。$1.5mm^2$的铜芯线在三根线同穿一根PVC管的情况下长期负荷允许载流量为14A，可以"带"差不多3kW的负载。照明回路一定要加漏电保护开关，一般家庭所有灯具的总功率在1 500W左右（卫生间浴霸最好不由照明回路供电，由单独的一个卫生间回路供电），因此选6A即可。

图1-5 电路改造设计

❸ 单头吊灯或吸顶灯，可采用单联开关；多头吊灯，可在吊灯上安装灯光分控器，根据需要调节亮度。卧室顶灯可以考虑双控（床边和进门处），客厅顶灯根据生活需要可以考虑装分控开关（进门厅和主卧室门口）。

❹ 空调回路宜单独设置，根据空调的功率，可以选择 2.5mm² 或 4mm² 的铜芯线。

❺ 强电系统的另外一个重要组成部分是插座回路。固定用途的插座，根据实际负载选择线径是没有问题的。用途不固定的插座，在设计的时候要按照最大负载来设计，尽量选择粗一些的导线。如果插座回路有分支且负载是不确定的，就要注意一个问题：支线应该与主线一样粗，否则就要考虑电路保护。

❻ 插座的位置很重要，为了不与其他家具发生"冲突"，应让插座尽可能的"把边"，厨房插座建议增加开关功能，以避免电饭锅插头时常拔来拔去，非常的不方便。

图 1-5　电路改造设计（续）

❼ 厨房里有冰箱、消毒柜、抽油烟机、微波炉、电烤箱、电饭煲、电开水壶等，基本上都是大功率电器。加上厨房有电还有水、液化气，用电安全的问题十分突出。为此，最好设计一个单独的回路，用主线 $4mm^2$ 的线加 32A 漏电断路器。

❽ 厨房插座负载多数是固定的。比如，抽油烟机插座。对于这一类插座，在保证安全的前提下可以不用留太多的余量，这样就可以节约不少线材。由于厨房的设备不断增多，所以应预留电源插座，以备日后使用，电源插座距地不得低于 50cm，避免因潮湿造成短路。照明灯光的开关，最好安装在厨房门的外侧。

❾ 考虑到电热水器、电加热器等大电流设备，电源线接口最好安装在不易受到水浸泡的部位，如在电热水器上侧，或在吊顶上侧。一般排风扇、照明及浴霸的开关应放在卫生间内。而照明灯光或镜灯开关，应放在门外侧。

❿ 卫生间里有电热水器、电加热器等大功率电器，因此，一般建议单独设计一个回路，用主线 $4mm^2$ 的线。

图 1-5　电路改造设计（续）

2. 家装工艺及其规范要求

室内强电系统基本回路分配如表 1-1 所示。

表 1-1　室内强电系统基本回路分配

居室户型	回路分配
一室一厅	空调回路 2 个、厨房回路 1 个、卫生间回路 1 个、插座回路 1 个、照明回路 1 个、共计 6 个
两室一厅	空调回路 3 个、厨房回路 1 个、卫生间回路 1 个、卧室插座回路 1 个、客厅插座回路 1 个、照明回路 1 个，共计 8 个
三室两厅	空调回路 4 个、厨房回路 1 个、卫生间回路 2 个、卧室插座回路 1 个、客厅插座回路 1 个、照明回路客厅、卧室各 1 个，共计 11 个
四室两厅	空调回路 5 个、厨房回路 1 个、卫生间回路 2 个、卧室插座回路 1 个、空调插座回路 1 个、照明回路客厅、卧室各 1 个，共计 12 个

室内弱电系统支路分配如表 1-2 所示。

表 1-2　室内弱电系统支路分配

居室户型	支路分配	备注
一室一厅	网线 2 路、电话 2 路、闭路 2 路	各户型只在客厅安装环绕音响线 2 路
两室一厅	网线 3 路、电话 3 路、闭路 3 路	
三室两厅	网线 4 路、电话 4 路、闭路 4 路	
四室两厅	网线 5 路、电话 5 路、闭路 5 路	

①-4　了解家装各工种的进场施工顺序

装修工程的施工顺序是：建筑结构改造→水电布线→防水工程→瓷砖铺装→木工制作→木质油漆→墙面涂饰→地板铺装→水电安装→设备安装→污染治理→卫生清洁。装修各工种进场施工顺序如图 1-6 所示。

❶ 首先是办理入场手续。一般来说，办入场手续需要装修队负责人和业主的身份证原件与复印件、装修公司营业执照和建筑施工许可证复印件，还有装修押金。

图 1-6　装修各工种进场顺序

❷ 建筑结构改造。在设计前要掌握建筑的承重结构，分清可拆除部分和不可拆除部分。

❸ 泥水工进场。建筑结构改造完毕，清理完垃圾后，泥水工进场。泥水工主要负责砌墙、批灰、零星修补、贴瓷砖、做防水、地面找平、装地漏。

❹ 在泥水工砌墙之后、批灰之前，水电工进场进行水电改造。水电改造的主要工作有水电定位、打槽、埋管、穿线。

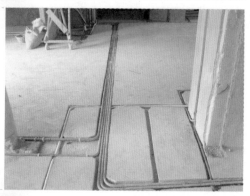

❺ 水电改造完成后木工进场。木工进场前，板材先进场，仔细看一下进场的板子是否与合同相符，是否是正品。

图 1-6　装修各工种进场顺序（续）

⑥ 油漆工要在泥水工批完灰，墙面干透后进场批腻子，准备下一阶段的油漆工作。

图 1-6　装修各工种进场顺序（续）

家装施工图纸一看就懂

装修图纸是家居装修施工的基础，在装修施工过程中，一般需要几个图纸综合看，这样才能了解装修的意图与效果。特别是最终的效果对于家装来说很重要，只有明白最终的装修效果，才能掌握水电的定位，电路的走向，才能更好地按照设计思路完成装修。

2-1 装修施工常用的图纸

装饰施工图是用于表达建筑物室内外装饰美化要求的施工图样。它是以透视效果图为主要依据，采用正投影等投影法反映建筑的装饰结构、装饰造型、饰面处理，同时反映家具、陈设、绿化等布置内容。

装修施工图纸一般包括平面布置图、地面铺装平面图、天花平面图、墙柱装修平面图、配电系统图、插座布置图、照明灯具布置图、给排水平面图、装修细部结构节点详图等，如图2-1所示。

看懂家装施工图纸并根据图纸中提供的数据尺寸和信息完成家装水电工改造和具体施工是水电工的必备技能。除此之外，房屋业主应清楚自己房屋装修图纸的基本情况，并据此了解装修进度和质量。

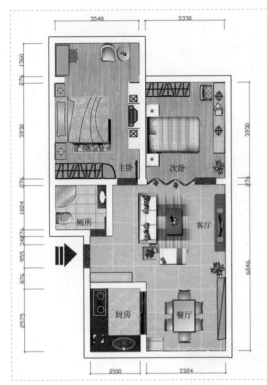

平面布置图包含内容如下：

（1）建筑主体结构；

（2）各功能空间的家具形状和位置；

（3）厨房、卫生间的橱柜、操作台、洗手台、浴缸、大便器等形状和位置，家电的形状、位置；

（4）隔断、绿化、装饰构件、装饰性景观小品；

（5）标注建筑主体结构的开间和进深等尺寸、主要装修尺寸；

（6）装修要求等文字说明。

（a）平面布置图

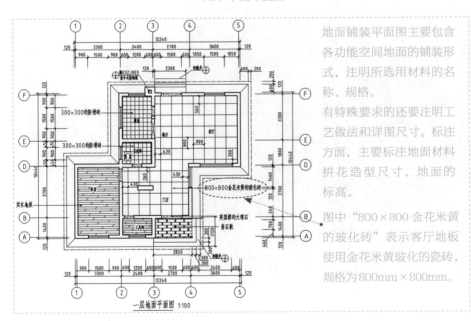

地面铺装平面图主要包含各功能空间地面的铺装形式，注明所选用材料的名称、规格。

有特殊要求的还要注明工艺做法和详图尺寸。标注方面，主要标注地面材料拼花造型尺寸、地面的标高。

图中"800×800 金花米黄的玻化砖"表示客厅地板使用金花米黄玻化的瓷砖，规格为800mm×800mm。

（b）地面铺装平面图

图 2-1　装修施工图纸

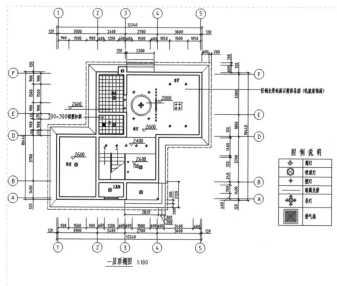

天花平面图包含的内容如下：

（1）天花造型、灯饰、空调风口、排气扇、消防设施的轮廓线，条块饰面材料的排列方向线；

（2）建筑主体结构的主要轴线、轴号，主要尺寸；

（3）天花造型及各类设施的定形定位尺寸、标高；

（4）天花的各类设施、各部位的饰面材料、涂料规格、名称、工艺说明；

（5）节点详图索引或剖面、断面等符号。

（c）天花平面图

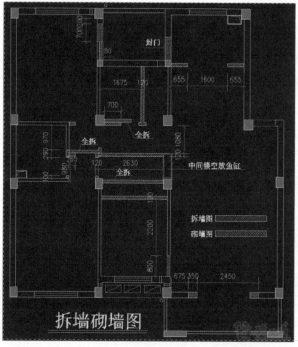

墙柱装修平面图主要表达建筑主体结构中铅垂立面的装修方法。墙柱面装修图的主要内容如下：

（1）墙柱面造型的轮廓线、壁灯、装饰件等；

（2）吊顶天花及吊顶以上的主体结构；

（3）墙柱面饰面材料、涂料的名称、规格、颜色、工艺说明等；

（4）尺寸标注：壁饰、装饰线等造型定形尺寸、定位尺寸；楼地面标高、吊顶天花标高等；

（5）详图索引、剖面、断面等符号标注；

（6）立面图两端墙柱体的定位轴线、编号。

（d）墙柱装修平面图

图2-1 装修施工图纸（续）

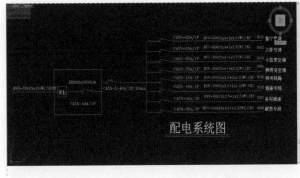

配电系统图主要表达照明配电的信息，具体如下：

（1）电源进线的类型与铺设方式，电线的根数；

（2）进线总开关的类型与特点；

（3）电源进入配电箱后分出的支路数量、名称和功能、电线数量、开关特点与类型、铺设方式；

（4）是否有零排、保护线端子排等。

（e）配电系统图

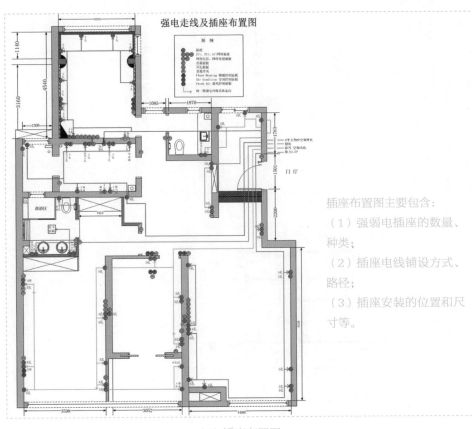

插座布置图主要包含：

（1）强弱电插座的数量、种类；

（2）插座电线铺设方式、路径；

（3）插座安装的位置和尺寸等。

（f）插座布置图

图 2-1　装修施工图纸（续）

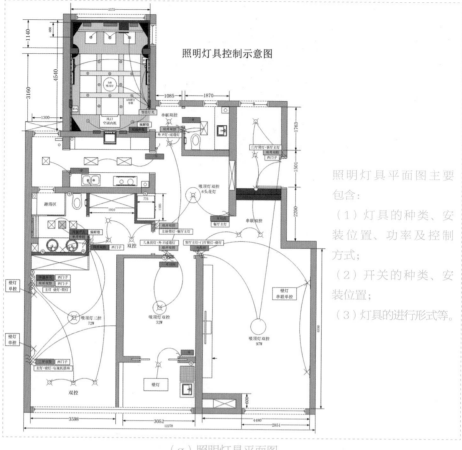

照明灯具控制示意图

照明灯具平面图主要包含：

（1）灯具的种类、安装位置、功率及控制方式；

（2）开关的种类、安装位置；

（3）灯具的进行形式等。

（g）照明灯具平面图

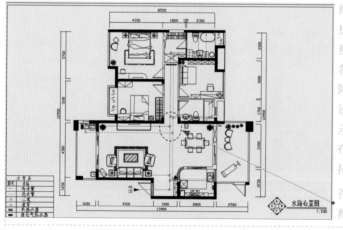

给排水平面图包含用水房间和设备的种类、数量、位置等。

各种功能的管道、管道附件、卫生器具、用水设备等均应用图例表示；冷热水管线的平面布置、管径以及水管连接配件均应标出。

图中标示的水管连接配件为三通。

（h）给排水平面图

图2-1 装修施工图纸（续）

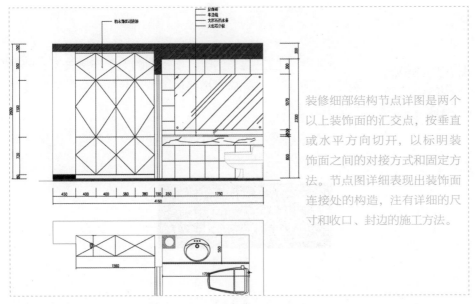

（i）装修细部结构节点详图

图 2-1　装修施工图纸（续）

装修细部结构节点详图是两个以上装饰面的汇交点，按垂直或水平方向切开，以标明装饰面之间的对接方式和固定方法。节点图详细表现出装饰面连接处的构造，注有详细的尺寸和收口、封边的施工方法。

②-2　装修施工图的识读步骤

装修施工图纸采用统一的图形符号、文字符号和注释绘制而成，用来阐述装修中电气设备之间相互关系以及电路工作原理等的图纸。因此施工的第一步是读懂装修施工图。

在读识装修施工图时，可以按照下面的步骤进行读识，如图2-2所示。

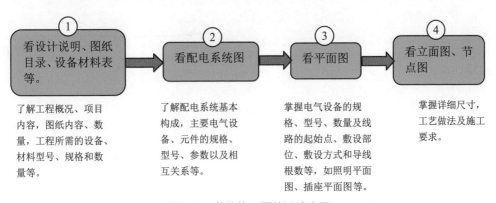

图 2-2　装修施工图的识读步骤

②-3 怎样看配电系统图

1. 配电系统图中的电气符号含义

配电系统图主要表达电气设备间的电气连接关系，要想看懂配电系统图，首先应掌握各种电气符号的含义，充分解读其所提供的信息。

配电系统图中的电气设备主要使用文字符号、图形符号来表示，如图2-3所示。

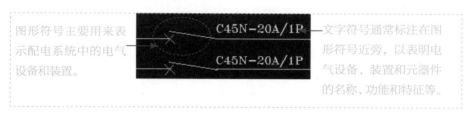

图形符号主要用来表示配电系统中的电气设备和装置。

文字符号通常标注在图形符号近旁，以表明电气设备、装置和元器件的名称、功能和特征等。

图2-3　配电系统图中的符号说明

下面我们重点讲解配电系统图中最主要的导线和断路器的相关知识。

（1）导线根数的表示方法，如图2-4所示。

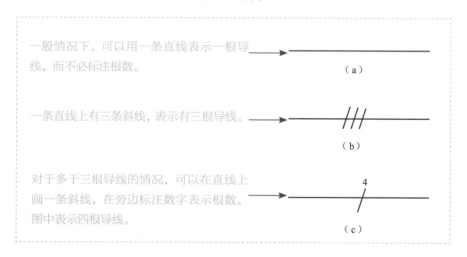

一般情况下，可以用一条直线表示一根导线，而不必标注根数。
（a）

一条直线上有三条斜线，表示有三根导线。
（b）

对于多于三根导线的情况，可以在直线上画一条斜线，在旁边标注数字表示根数。图中表示四根导线。
（c）

图2-4　导线根数的表示方法

（2）导线的特征表示方法，如图2-5所示。

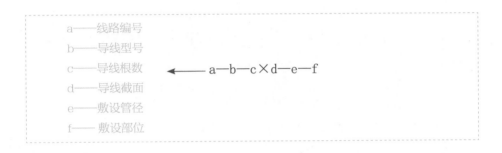

如需要表示导线的材料、截面积、电压等特征，一般直接在导线的上方或下方用文字标注。

BV—3×4—PC20—WC,CC

表示采用三根截面积4mm² 的铜芯聚氯乙烯绝缘电线。采用穿直径20mm 的聚氯乙烯硬质管沿墙内及地面暗敷设。

图 2-5　导线特征的表示方法

导线特征的标注格式为：

a——线路编号

b——导线型号

c——导线根数　　　　a—b—c×d—e—f

d——导线截面

e——敷设管径

f——敷设部位

常用导线特征的文字符号见表 2-1、表 2-2 和表 2-3。

表 2-1　常用线路敷设方式的文字符号

名称	文字符号	名称	文字符号
金属软管	F	PVC 线槽敷设	PR
穿焊接钢管敷设	SC	绝缘子或瓷柱敷设	K
穿 PVC 硬管敷设	PC	厚壁钢管	RC
穿 PVC 半管敷设	FPC	穿蛇皮管敷设	CP
穿电线管敷设	T	钢线槽敷设	SR

表 2-2　常用线路敷设部位的文字符号

名称	文字符号	名称	文字符号
暗敷顶棚内	CC	暗敷吊顶内	ACC
暗敷在柱内	CLC	暗敷在梁内	BC
暗敷在地下	FC	暗敷在墙内	WC
沿着顶面敷设	CE	沿柱敷设	CLE1
沿墙敷设	WE	跨柱敷设	CLE2

表 2-3　常见导线型号

型号	名称
BX（BLX）	铜（铝）芯橡皮绝缘线
BXF（BLXF）	氯丁橡胶绝缘铜（铝）芯线
BV（BLV）	聚氯乙烯绝缘铜（铝）芯线
BVV（BLVV）	铜（铝）芯聚氯乙烯绝缘和护套线
RVB	铜芯聚氯乙烯绝缘平行软线
RVS	铜芯聚氯乙烯绝缘绞型软线
RV	铜芯聚氯乙烯绝缘软线

（3）断路器表示方法

断路器是电力系统中控制和保护用的电工设备，在家装中主要用在配电系统中。断路器的图形符号如图 2-6 所示。

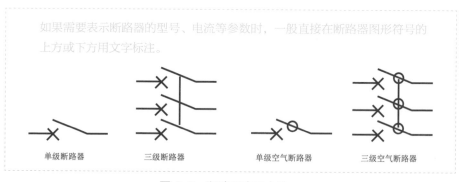

如果需要表示断路器的型号、电流等参数时，一般直接在断路器图形符号的上方或下方用文字标注。

单级断路器　　三级断路器　　单级空气断路器　　三级空气断路器

图 2-6　断路器表示方法

2. 配电系统图识读方法

通过配电系统图，我们可以了解以下信息：

（1）电源进线的类型、铺设方式以及电线的根数；

（2）进线总开关的类型与特点；

（3）电源进入配电箱后分的支路数量，以及支路的名称和功能、电线数量、开关特点与类型、铺设方式；

（4）是否有零排、保护线端子排；

（5）配电箱的编号和功率。

接下来详细读识配电系统图，如图 2-7 所示。

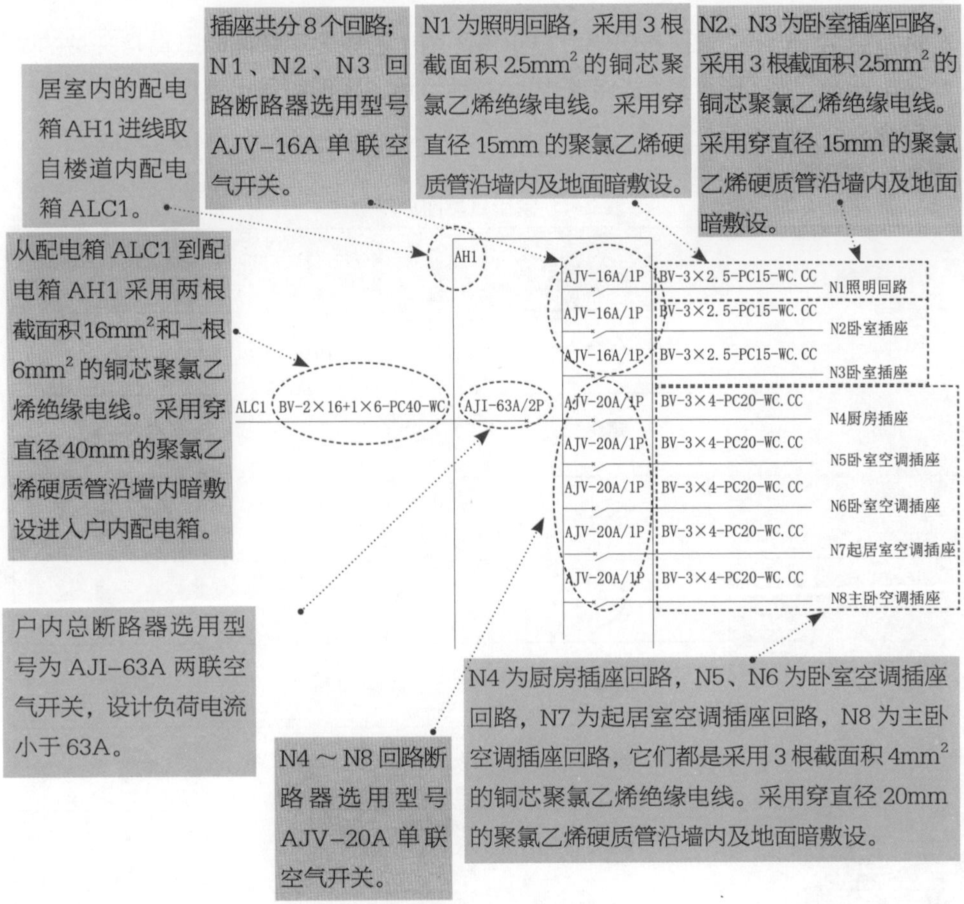

居室内的配电箱 AH1 进线取自楼道内配电箱 ALC1。

插座共分 8 个回路；N1、N2、N3 回路断路器选用型号 AJV-16A 单联空气开关。

N1 为照明回路，采用 3 根截面积 2.5mm² 的铜芯聚氯乙烯绝缘电线。采用穿直径 15mm 的聚氯乙烯硬质管沿墙内及地面暗敷设。

N2、N3 为卧室插座回路，采用 3 根截面积 2.5mm² 的铜芯聚氯乙烯绝缘电线。采用穿直径 15mm 的聚氯乙烯硬质管沿墙内及地面暗敷设。

从配电箱 ALC1 到配电箱 AH1 采用两根截面积 16mm² 和一根 6mm² 的铜芯聚氯乙烯绝缘电线。采用穿直径 40mm 的聚氯乙烯硬质管沿墙内暗敷设进入户内配电箱。

AH1

AJV-16A/1P BV-3×2.5-PC15-WC. CC ——— N1照明回路

AJV-16A/1P BV-3×2.5-PC15-WC. CC ——— N2卧室插座

AJV-16A/1P BV-3×2.5-PC15-WC. CC ——— N3卧室插座

ALC1 BV-2×16+1×6-PC40-WC

AJI-63A/2P

AJV-20A/1P BV-3×4-PC20-WC. CC ——— N4厨房插座

AJV-20A/1P BV-3×4-PC20-WC. CC ——— N5卧室空调插座

AJV-20A/1P BV-3×4-PC20-WC. CC ——— N6卧室空调插座

AJV-20A/1P BV-3×4-PC20-WC. CC ——— N7起居室空调插座

AJV-20A/1P BV-3×4-PC20-WC. CC ——— N8主卧空调插座

户内总断路器选用型号为 AJI-63A 两联空气开关，设计负荷电流小于 63A。

N4～N8 回路断路器选用型号 AJV-20A 单联空气开关。

N4 为厨房插座回路，N5、N6 为卧室空调插座回路，N7 为起居室空调插座回路，N8 为主卧空调插座回路，它们都是采用 3 根截面积 4mm² 的铜芯聚氯乙烯绝缘电线。采用穿直径 20mm 的聚氯乙烯硬质管沿墙内及地面暗敷设。

图 2-7　配电系统图

②-4 怎样看照明灯具布置图

1. 灯具及开关电气符号含义

在看照明灯具布置图前，首先要了解照明灯具及开关的图形符号和文字符号。各种灯具的图形符号见表2-4。

表 2-4 常用灯具图形符号

符号名称	图形符号	符号名称	图形符号
一般灯具符号	⊗	投光灯一般符号	(⊗
吸顶灯	◗	聚光灯	(⊗→
花灯	⊗	泛光灯	(⊗<
局部照明灯	⊙	防爆荧光灯	◀
壁灯	⊖	专用事故照明灯	⊗
矿山灯	⊖	探照灯	⊘
安全灯	⊖	广照灯	◁
防爆灯	◉	防火防尘灯	⊗
球形灯	●	信号灯	⊗
弯灯	↺	单管荧光灯	⊢⊣

灯具种类繁多，为了能在图纸上说明具体的情况，通常情况下都要在灯具图形符号旁用文字符号加以标注。

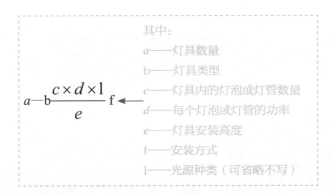

其中：

a——灯具数量

b——灯具类型

c——灯具内的灯泡或灯管数量

d——每个灯泡或灯管的功率

e——灯具安装高度

f——安装方式

l——光源种类（可省略不写）

常用灯具类型和安装方式的文字符号见表 2-5 和表 2-6。

表 2-5　常用灯具类型文字符号

灯具名称	文字符号	灯具名称	文字符号
普通吊灯	P	荧光灯	Y
壁灯	B	防水防尘灯	FS
花灯	H	搪瓷伞罩灯	S
吸顶灯	D	泛光灯	FD
投光灯	T	事故照明灯	SD
柱灯	Z	马路弯灯	MD

表 2-6　灯具安装方式文字符号

名称	符号	灯具名称	文字符号
线吊式	CP	壁装式	W
墙壁内安装	WR	链吊式	CH
嵌入式	R	防水线吊式	CP2
吸顶式	S	顶棚内安装	CR

常用开关设备图形符号见表 2-7。

表 2-7　常用开关设备图形符号

符号名称	图形符号	符号名称	图形符号
开关一般符号	␥	单级拉线开关	␥

续表

符号名称		图形符号	符号名称		图形符号
三联单控开关	明装		二联单控开关	明装	
	暗装			暗装	
	密闭（防水）			密闭（防水）	
	防爆			防爆	
单联单控开关	明装		按钮		
	暗装		带指示灯的按钮		
	密闭（防水）		多拉开关		
	防爆		调光器		
单联双控开关			双联双控开关		

2. 照明灯具布置图识读方法

照明灯具布置图主要包含灯具的种类、安装位置、功率、控制方式以及进行形式；同时还包括开关的种类、安装位置等，其识读方法如图 2-8 所示。

L2 支线从餐厅照明回路中分出至 2 个次卧室和卫生间的照明灯具，卫生间灯开关线选择 4 根电线。采用暗装三级开关控制灯具和排风扇等电气设备，卧室开关为暗装单级开关，卫生间插座为带接地插孔单相插座。

L1 支线从餐厅照明回路中分出至厨房和工作阳台照明灯具，由灯具处分出两根线（开关相线进、开关相线回灯具线）。

从户内配电箱中取 1 路室内照明线路 N1，所有线路采用穿直径 20mm 的聚氯乙烯硬质管沿墙内或地面暗敷设。由 N1 线路分出 6 路支线（L1、L2、L3、L4、L5、L6）。

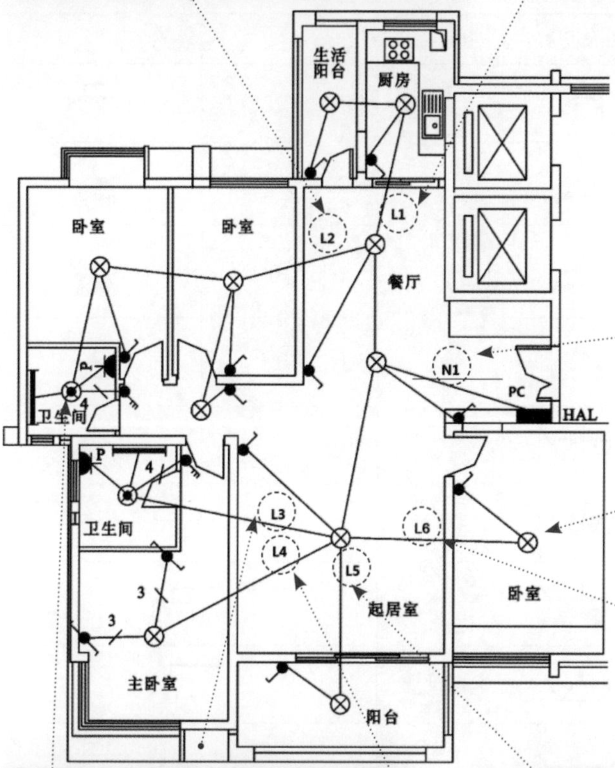

普通白炽灯

L6 支线从起居室照明回路中分出至 1 个次卧室照明。

L3 支线从起居室照明回路中分出至主卧室卫生间，卫生间灯开关线选择 4 根电线。采用暗装三级开关控制灯具和排风扇等电气设备，插座为带接地插孔单相插座。

卫生间选用防火防尘灯和单管荧光灯卫生间开关为暗装三级开关，插座为带接地插孔单相插座。

L5 支线从起居室照明回路中分出至阳台照明灯具，开关为暗装单级开关。

L4 支线从起居室照明回路中分出至主卧室，主卧室照明灯具开关设计为两个开关位置控制 1 组灯，开关为暗装单级双控开关两个，与照明灯具之间为 3 根电线。

图 2-8　照明灯具布置图识读方法

②-5　怎样看插座布置图

1.强弱电插座设备电气符号含义

强弱电插座常用图形符号含义见表 2-8。

表 2-8　强弱电插座常用图形符号

符号名称		图形符号	符号名称		图形符号
单相插座	明装		带接地插孔单相插座	明装	
	暗装			暗装	
	密闭（防水）			壁挂空调插座	
	防爆			密闭（防水）	
带接地插孔三相插座	明装			防爆	
	暗装		门铃		
	立式空调插座		电视插座		TV
	密闭（防水）		电话插座		TP
	防爆		数字信息插座		TO

2.插座布置图识读方法

插座布置图主要包含强弱电插座的数量、种类；插座电线铺设方式、路径；插座安装的位置和尺寸等，如图 2-9 所示。

需要特殊说明的是，插座布置图非常重要，它的设计思路和具体施工都与日后的生活息息相关。因此，无论是装修水电工还是业主，请务必保证插座布置按图纸实际完成。

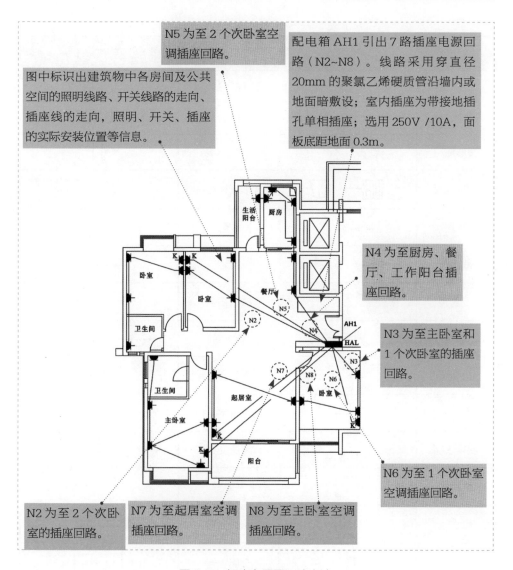

N5 为至 2 个次卧室空调插座回路。

图中标识出建筑物中各房间及公共空间的照明线路、开关线路的走向、插座线的走向，照明、开关、插座的实际安装位置等信息。

配电箱 AH1 引出 7 路插座电源回路（N2~N8）。线路采用穿直径 20mm 的聚氯乙烯硬质管沿墙内或地面暗敷设；室内插座为带接地插孔单相插座；选用 250V /10A，面板底距地面 0.3m。

N4 为至厨房、餐厅、工作阳台插座回路。

N3 为至主卧室和 1 个次卧室的插座回路。

N6 为至 1 个次卧室空调插座回路。

N2 为至 2 个次卧室的插座回路。

N7 为至起居室空调插座回路。

N8 为至主卧室空调插座回路。

图 2-9　插座布置图识读方法

❷-6　怎样看给水管及端口布置图

1. 给水排水图形符号含义

给水排水图形符号含义见表 2-9。

表 2-9　常用给水排水图形符号

符号名称	图形符号	符号名称	图形符号
给水管	——	浴盆	
排水管	------------	淋浴	
圆形地漏		法兰连接	
方形地漏		承接连接	
闸阀		活接头	
截止阀		管堵	
三角阀		法兰堵盖	
球阀		弯折管	
止回阀		管道丁字上接	
防水龙头		管道丁字下接	
旋转水嘴		管道交叉	
洗脸盆		保温管	
污水池		防护套管	
存水弯		金属软管	
厨房洗涤盆		多孔管	
挂式小便池		检查口	
蹲式大便池		水表	
坐式大便器			

2.给水管布置图识读方法

给水管布置图主要包含冷、热水管的分布，冷、热水管之间通过燃气热水器或电热水器连接。一般洗脸盆、水槽、淋浴花洒需要接冷、热水管，洗衣机、坐便器只接冷水管，如图2-10所示。

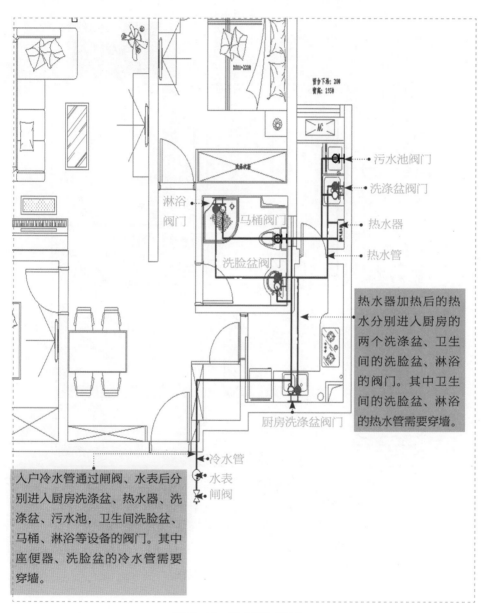

图 2-10 给水管布置图

②-7 怎样看排水管布置图

排水管主要布置在厨房、卫生间中（阳台也可有）。每个空间中有主排水立管，分支排水管需要从主排水立管中分接出来，如图 2-11 所示。

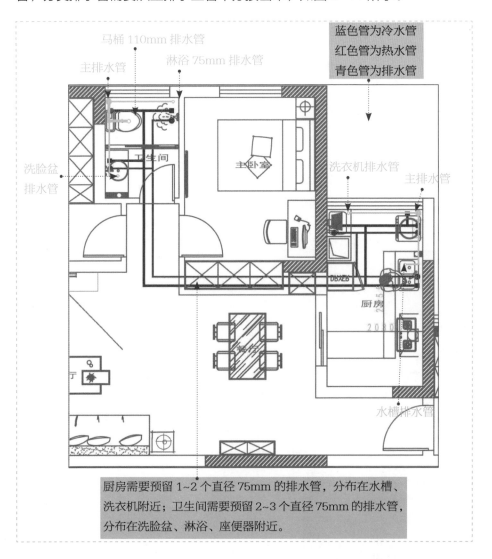

图 2-11　排水管布置图

CHAPTER 3

水电工常用工具使用方法

对各类家装工具的熟练使用是各个工种的必备技能。在家装过程中，水电工需要的工具主要包括螺钉旋具、钳子、扳手、电烙铁、冲击钻、验电笔和万用表等。

本章中介绍的各类家装工具对于水电工来讲并不陌生，但是不同的工具应该用在什么样的场景中，如何更高效地使用这些工具，想必很多水电工并不能熟练掌握，而这些正是本章要重点讲述的。

3-1 螺钉旋具的种类、特点和使用方法

1. 螺钉旋具的种类和特点

螺钉旋具又称为改锥、起子等。拧紧或旋松头部带一字或十字等其他槽形螺钉的工具。螺钉旋具按不同的头型可分为一字、十字、米字、星形、方头、六角头、Y 形头等。

按照螺钉旋具本身的性能特点可分为普通螺钉旋具、组合型螺钉旋具、电动螺钉旋具，如图 3-1 所示。

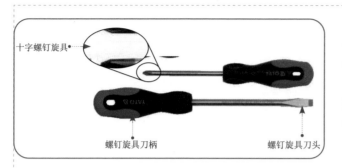

十字螺钉旋具

螺钉旋具刀柄

螺钉旋具刀头

普通螺钉旋具是指将刀头和刀柄做在一起的螺钉旋具。由于螺钉有很多种不同规格，因此需要准备很多支不同的螺钉旋具。

（a）普通螺钉旋具

刀头安装

螺钉旋具刀柄

螺钉旋具刀头

组合型螺钉旋具是一种把螺钉旋具的刀头和刀柄分开的螺钉旋具，安装不同类型的螺钉时，只需把螺钉旋具刀头换掉即可，不需要带大量螺钉旋具。

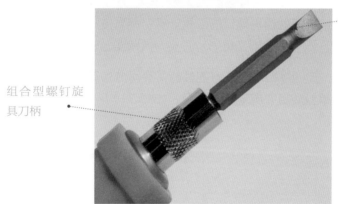

组合型螺钉旋具刀头

组合型螺钉旋具刀柄

（b）组合型螺钉旋具

图 3-1 各种螺钉旋具

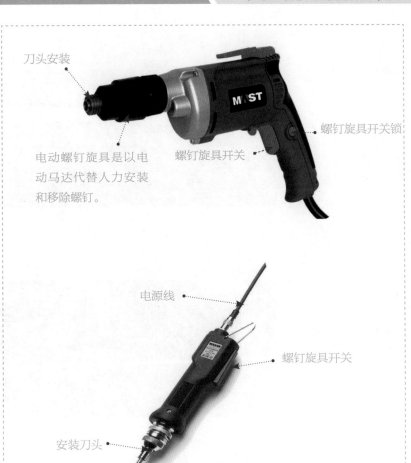

刀头安装

螺钉旋具开关锁

电动螺钉旋具是以电动马达代替人力安装和移除螺钉。

螺钉旋具开关

电源线

螺钉旋具开关

安装刀头

（c）电动螺钉旋具

图 3-1　各种螺钉旋具（续）

2.怎样使用　螺钉旋具

螺钉旋具使用方法如图 3-2 所示。

大部分螺钉旋具顺时针
旋转螺钉为拧紧，逆时
针拧为松出。

螺钉旋具拧紧时，要
用力将螺钉旋具压
紧，后用手腕力扭转
螺钉旋具，拧松螺钉
时也一样。

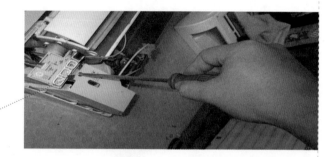

当螺钉松动后，轻压
螺钉旋具刀柄，用几
个手指快速转动螺
钉旋具刀柄即可拧出
螺钉。

图 3-2 螺钉旋具使用方法

③-2　钳子的种类和使用方法

　　钳子是一种用于夹持、固定加工工件或者扭转、弯曲、剪断金属丝线的手工工具，如图 3-3 所示。

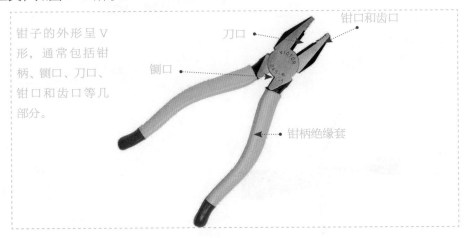

钳子的外形呈 V 形，通常包括钳柄、铆口、刀口、钳口和齿口等几部分。

图 3-3　钳子

1. 钳子的种类

　　钳子的种类有很多，水电工常用的有钢丝钳、尖嘴钳、斜口钳和剥线钳等，如图 3-4 所示。

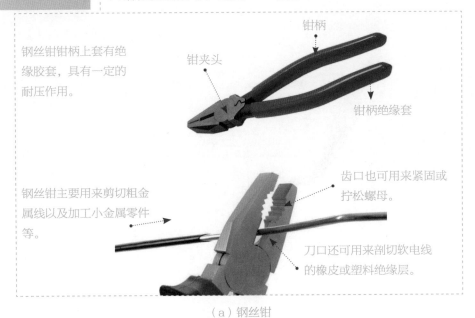

钢丝钳钳柄上套有绝缘胶套，具有一定的耐压作用。

钢丝钳主要用来剪切粗金属线以及加工小金属零件等。

齿口也可用来紧固或拧松螺母。

刀口还可用来剖切软电线的橡皮或塑料绝缘层。

（a）钢丝钳
图 3-4　水电工常用的钳子

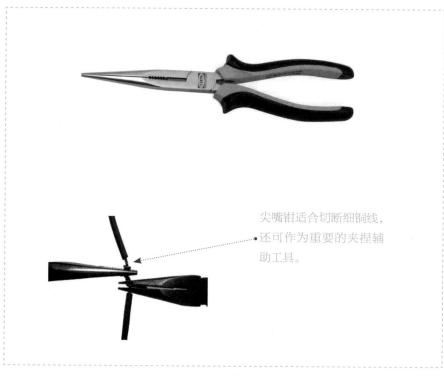

尖嘴钳适合切断细铜线，还可作为重要的夹捏辅助工具。

（b）尖嘴钳

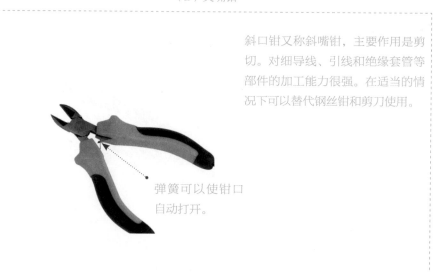

斜口钳又称斜嘴钳，主要作用是剪切。对细导线、引线和绝缘套管等部件的加工能力很强。在适当的情况下可以替代钢丝钳和剪刀使用。

弹簧可以使钳口自动打开。

（c）斜口钳

图3-4　水电工常用的钳子（续）

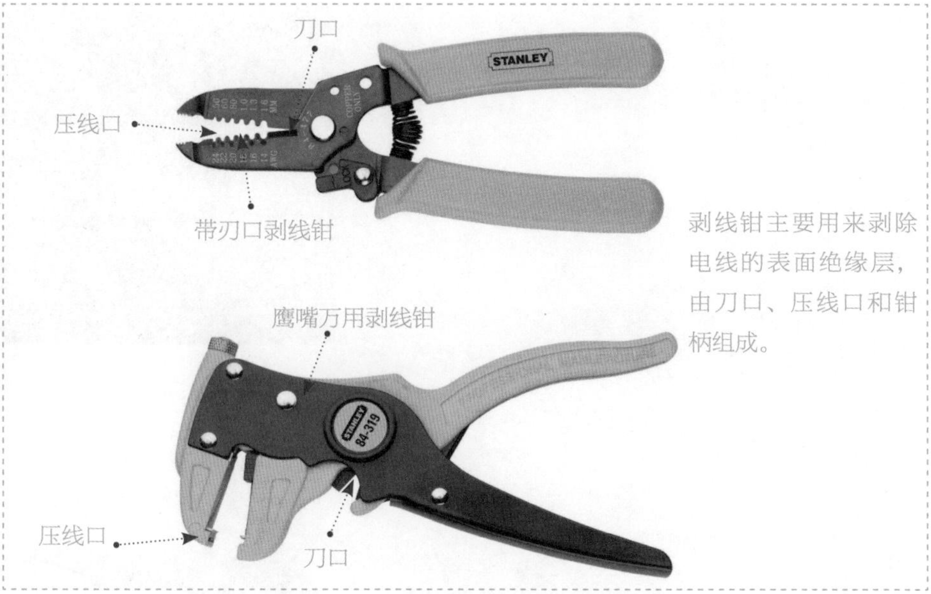

刀口

压线口

带刀口剥线钳

鹰嘴万用剥线钳

压线口

刀口

剥线钳主要用来剥除
电线的表面绝缘层，
由刀口、压线口和钳
柄组成。

（d）剥线钳

图 3-4　水电工常用的钳子（续）

2. 钳子的使用方法

钳子的使用方法如图 3-5 所示。

使用钳子时将钳口
朝内侧，便于控制
钳切部位。

用小指伸在两钳柄
中间抵住钳柄，张
开钳头，这样分开
钳柄灵活。

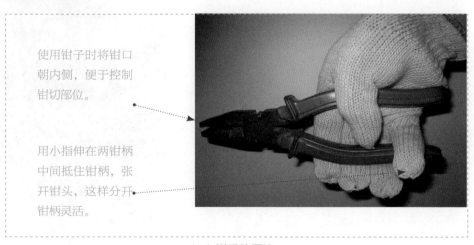

（a）钳子的握法

图 3-5　钳子的使用方法

注意：不能用钳子剪切双股带电电线，否则会发生短路故障。

剪较粗的铁丝时，应用钳子的刀刃绕铁丝表面来回割几下，然后只需轻轻一扳，铁丝即断。

（b）剪较粗铁丝的方法

用钳子缠绕抱箍固定拉线时，钳子齿口夹住铁丝，以顺时针方向缠绕。

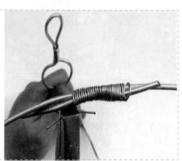

（c）用钳子缠绕方法

将长度选择好的线缆放在剥线工具的刀刃中间，然后进行剥线。

根据线缆的粗细大小，选择合适的剥线刀口。

为了不伤及周围的人和物，先确认断片飞溅方向再进行切断。

握住剥线工具手柄，将电缆夹住，缓缓用力将电缆外表皮慢慢剥落。

（d）剥线钳使用方法

图3-5　钳子的使用方法（续）

3-3 扳手的种类和活扳手的使用方法

1.扳手的种类

扳手类型有很多，常用的有活扳手、呆扳手、梅花扳手和力矩扳手等，如图 3-6 所示。扳手是利用杠杆原理扭转螺钉、螺栓、螺母和其他螺纹紧持螺栓或螺母的开口或套孔固件的工具。

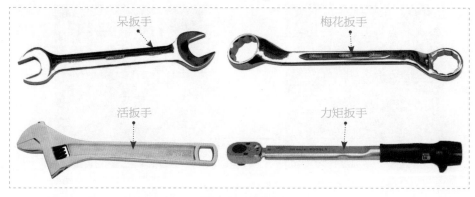

图 3-6　扳手

水电工施工中用的较多的是活扳手，活扳手的开口宽度可在一定尺寸范围内进行调节，能拧转不同规格的螺栓或螺母。如图 3-7 所示。

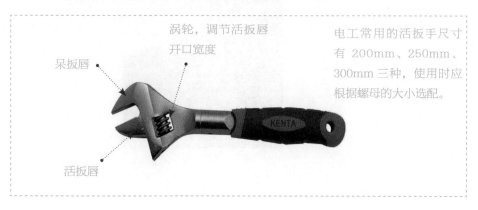

图 3-7　活扳手

2. 活扳手的使用方法

活扳手的使用方法如图 3-8 所示。

使用活扳手时，右手握手柄。

手越靠后越省力。

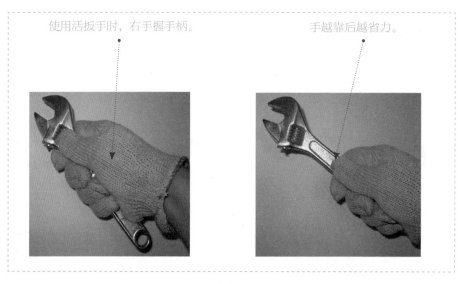

（a）手握方法

活扳唇

扳动小螺母时，因需要不断地转动涡轮，调节扳口的大小，所以手应握在靠近呆扳唇，并用大拇指调制涡轮，以适应螺母的大小。

夹持螺母时，呆扳唇在上，活扳唇在下。

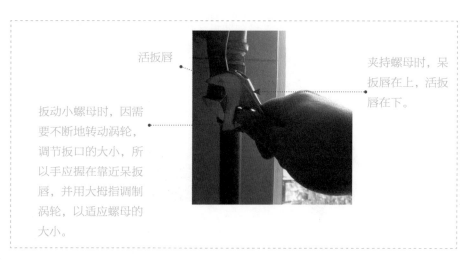

（b）拧螺钉方法

图 3-8　活扳手的使用方法

③-4　电烙铁的种类和使用方法

1.电烙铁的种类

电烙铁是通过熔解锡进行焊接的工具，家装时主要用来焊接电线等器件，使用时需将加热后的电烙铁头对准待焊接口，焊锡熔化，从而实现焊接。

电烙铁如图 3-9 所示。

烙铁头一般由紫铜材料制成，其作用是储存和传导热。使用时烙铁头的温度必须要高于被焊接物的熔点。烙铁头有很多种，常见的有锥形、凿形、圆斜面形等。

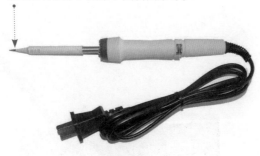

图 3-9　电烙铁

电烙铁的种类较多，常用的电烙铁分为内热式、外热式和恒温式等几种，如图 3-10 所示。

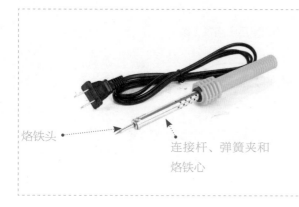

内热式电烙铁发热快，热利用率高（一般可达到 350℃）且耗电少、体积小，因而得到普遍应用。

烙铁头

连接杆、弹簧夹和烙铁心

（a）内热式电烙铁

图 3-10　常用电烙铁

外热式电烙铁由烙铁头、烙铁心、外壳、木柄、电源引线、插头等部分组成，因其烙铁头安装在烙铁心中而得名。

（b）外热式电烙铁

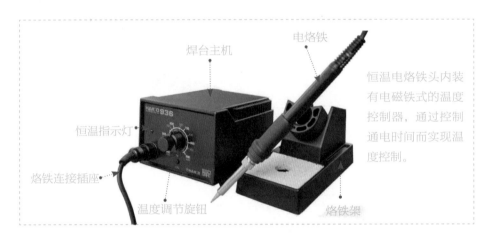

恒温电烙铁头内装有电磁铁式的温度控制器，通过控制通电时间而实现温度控制。

（c）恒温式电烙铁

图 3-10　常用电烙铁（续）

2. 电烙铁的使用方法

使用电烙铁的握法有一般握笔法、反握法、正握法等几种，如图 3-11 所示。

注意：焊剂加热挥发出的化学物质对人体是有害的，操作时烙铁离鼻子的距离应大于 30cm。

在操作台上焊印制电路板等 反握法动作稳定，长时间 正握法适于中等功率烙铁或
焊件时多采用握笔法。 操作不宜疲劳，适于大功 带弯头电烙铁的操作。
率烙铁的操作。

图 3-11　电烙铁的拿法

　　一般来说，新的电烙铁在使用前要将烙铁头上均匀地镀上一层锡，这样便于焊接并且防止烙铁头表面氧化。

　　电烙铁的使用方法如图 3-12 所示。在使用前一定要认真检查确认电源插头、电源线无破损，并检查烙铁头是否松动。如果出现上述情况请排除后使用。

❶ 首先将电烙铁通电预热，然后将电烙铁接触焊接点，加热焊件各部分，以保持焊件均匀受热。

❷ 当焊件加热到能熔化焊料的温度后将焊丝置于焊点，焊料开始熔化并润湿焊点。

图 3-12　电烙铁的使用方法

❸ 熔化一定量的焊锡后，将焊锡丝移开。当焊锡完全润湿焊点后移开电烙铁，注意移开电烙铁的方向大致是45°。

图 3-12　电烙铁的使用方法（续）

❸-5　冲击钻的使用方法

冲击钻依靠旋转和冲击来工作，主要在混凝土地板、墙壁、砖块、石料、木板和多层材料上进行冲击打孔。它是家装过程中常用的工具之一，如图 3-13 所示。

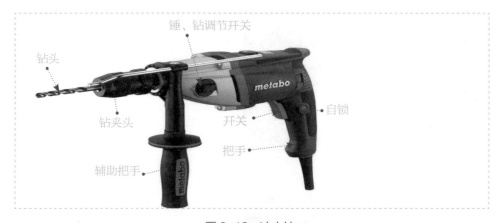

图 3-13　冲击钻

冲击钻在钻头夹头处有调节旋钮，可调普通手电钻和冲击钻两种方式。冲击钻使用方法如图 3-14 所示。

① 两手将冲击钻端平，使钻头和墙面保持90°。按下开关，不要用力太大向前推动，否则不会产生冲击力。

② 使用冲击钻时，先找好钻孔的位置，并做好记号。然后右手抓冲击钻的把手，左手抓冲击钻的辅助把手，准备钻孔。

③ 钻孔时应使钻头缓慢接触工件，不得用力过猛或出现歪斜操作，防止折断钻头和烧坏电动机。

图 3-14　冲击钻使用方法

❸-6　验电笔的种类和使用方法

1. 验电笔的种类

　　验电笔是检验低压电气设备是否带电，判断照明电路中的火线和零线的常用工具。按照接触方式分为接触式验电笔和感应式验电笔，如图 3-15 所示。

验电笔通常由壳体、探头、电阻、氖管、弹簧等组成。检测时，氖管亮表示被测物体带电。

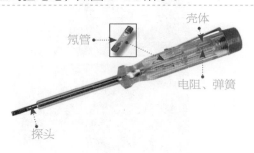

（a）接触式验电笔

感应式验电笔不需要物理接触，可以很好地保障检测人员的人身安全。

（b）感应式验电笔

图 3-15　验电笔的种类

2. 验电笔的
使用方法

使用验电笔之前，首先要检查验电笔的适用电压是否高于欲测试的带电体的电压。验电笔的使用方法如图 3-16 所示。

使用接触式验电笔时，一定要用手触及验电笔尾端的金属部分。否则，因带电体、验电笔、人体和大地没有形成回路，验电笔中的氖泡不会发光。使用感应式验电笔时，绝对不能用手触碰验电笔前端的金属探头，否则会造成人身触电事故。

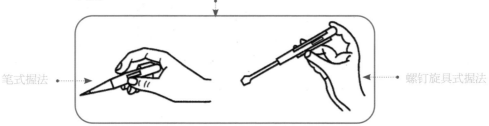

笔式握法 •••••••► ◄••••••• 螺钉旋具式握法

（a）验电笔的正确握法

❶ 在用验电笔进行测试时，如果验电笔氖泡中的两个极都发光，则是交流电；如果两个极中只有一个极发光，则是直流电。

❷ 将验电笔接在直流电路中测试，氖泡发光的那一极就是负极，不发光的一极是正极。

❸ 在对地绝缘的直流系统中，可站在地上用验电笔接触直流系统中的正极或负极，如果验电笔氖泡不亮，则没有接地现象。如果氖泡发光，则说明有接地现象，其发光如在笔尖端，则说明正极接地。如果发光在手指端，则说明负极接地。

（b）使用验电笔

图 3-16　验电笔使用方法

③-7　电工刀的使用方法

　　电工刀是电工常用的切削工具，电工刀由刀片、刀刃、刀把、刀挂等构成，如图 3-17 所示。某些多功能电工刀除了刀片外，还有锯片、锥子、扩孔锥等。

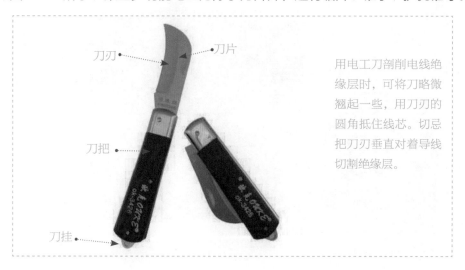

刀刃　　　　　刀片

刀把

刀挂

用电工刀剖削电线绝缘层时，可将刀略微翘起一些，用刀刃的圆角抵住线芯。切忌把刀刃垂直对着导线切割绝缘层。

图 3-17　电工刀

③-8　万用表的种类和使用方法

1.万用表的种类

　　万用表是一种多用途电子测量仪器，属于电工常用工具，万用表可测量直流电流、直流电压、交流电流、交流电压、电阻等参数。如图 3-18 所示。

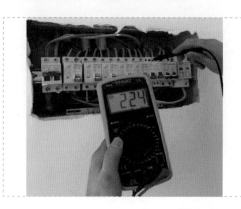

在家装中万用表主要用来检测开关、电路是否正常。

图 3-18　万用表

万用表有很多种，目前常用的有数字万用表和指针万用表，如图 3-19 所示。

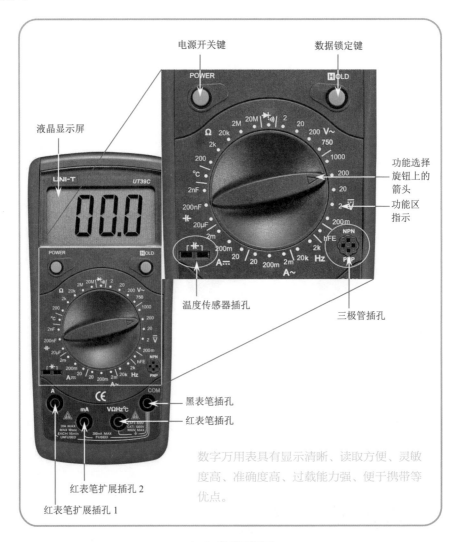

（a）数字万用表

图 3-19 数字万用表和指针万用表

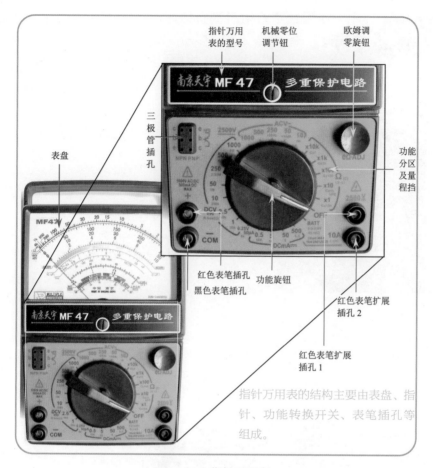

（b）指针万用表

图 3-19　数字万用表和指针万用表（续）

图 3-20 所示为指针万用表表盘，表盘由表头指针和刻度等组成。

当万用表水平放置时，若指针不在交直流挡标尺的零刻度位，可以通过机械调零旋钮使指针回到零刻度。

第一条刻度为电阻值刻度，读数从右向左读。

第二条刻度为交、直流电压电流刻度，读数从左向右读。

图 3-20　指针式万用表表盘

2.数字万用表的使用方法

使用数字万用表测量插座电压的具体方法如图 3-21 所示。

❶ 先将数字万用表挡位旋钮调到交流电压挡 V~，选择一个比估测值大的量程。待测电压为 220V，因此选择 600 挡。

❸ 两支表笔插入待测电压的插座。

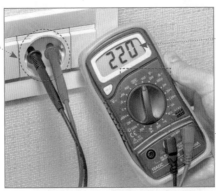

❹ 从显示屏读取数值。

❷ 将黑表笔插入万用表的 COM 孔，将红表笔插入万用表的 VΩ 孔。

图 3-21　数字万用表测量电压

3.指针万用表量程的选择方法

使用指针万用表测量时，首先要选择合适的量程，这样才能测量准确。

指针万用表量程的选择方法如图 3-22 所示。

❶ 试测。首先粗略估计所测电阻阻值，然后选择合适的量程，如果被测电阻不能估计其值，一般情况将开关拨在 R×100 或 R×1k 挡的位置进行初测。

❷ 选择正确的挡位。看指针是否停在中线附近，如果是，说明挡位合适。

❸ 如果指针太靠近零位，则要减小挡位。如果指针太靠近无穷大位，则要增加挡位。

图 3-22　指针万用表量程的选择方法

4.指针万用表的欧姆调零方法

在量程选准以后，在正式测量之前必须进行欧姆调零，如图 3-23 所示。

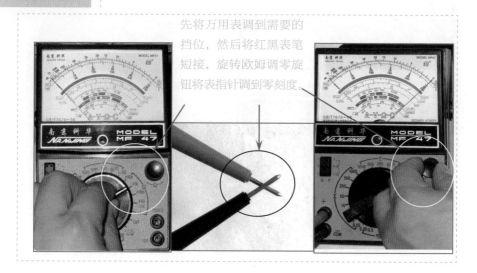

先将万用表调到需要的挡位，然后将红黑表笔短接，旋转欧姆调零旋钮将表指针调到零刻度。

图 3-23　指针万用表的欧姆调零

注意：如果重新换挡，在测量之前也必须调零一次。

5. 指针万用表测量电阻器实战

用指针万用表测量电阻器的具体步骤如图 3-24 所示。

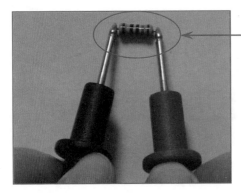

❶ 使用指针万用表的第一步永远是调零，前面已经讲过，不再赘述。

❷ 测量时应将两表笔分别接触待测电阻器的两极（要求接触稳定踏实），观察指针偏转情况。如果指针太靠左，那么需要换一个稍大的量程。如果指针太靠右，那么需要换一个较小的量程。直到指针落在表盘的中部（因表盘中部区域测量更精准）。

❸ 读取表针读数，然后将表针读数乘以所选量程倍数，如选用 R×1k 挡测量，指针指示 17，则被测电阻值为 17×1k = 17kΩ。

图 3-24　指针万用表测量电阻器

③-9　管钳的种类和使用方法

　　管钳主要用来扳动金属、管子附件及其他圆柱形的工件。其工作原理是将钳力转换成扭力，若扭动方向的力越大，则钳得更紧。不管是在工业上还是在我们的日常生活中，管钳的运用已经越来越普遍和重要，家里水龙头的安装和拆卸，工厂机械方面的维修，都需要使用管钳。

1.管钳的种类　　　　管钳主要分为手动管钳和链条式管钳，如图3-25所示。

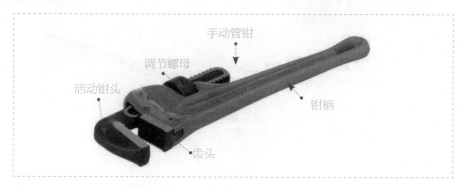

（a）手动管钳

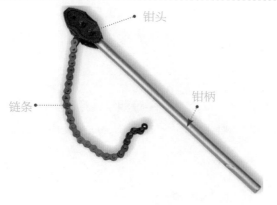

链条式管钳的钳头夹板均做成梯形齿，以便与管壁咬合。链条采用全包式，可绕过管子卡在锁紧部位。

（b）链条式管钳

图3-25　管钳的种类

| 2.管钳的使用方法 | 在使用管钳时要根据所用管子的直径或管件的大小，选择合适的管钳。图 3-26 所示为管钳的使用方法。 |

手动管钳使用方法：操作时，旋转调节螺母，移动活动钳头；然后用钳口卡住管子，再旋转调节螺母将管子卡紧，然后手握钳把施加压力，使管子转动。扳动管钳手柄时，不可用力过猛或在手柄上加管套。

链条式管钳使用方法：操作时，将链条绕过管件，裹紧管子后，将链条卡在钳头的梯形齿中。然后用手扳动钳柄，通过向钳把施加压力，迫使管子转动。

图 3-26　管钳的使用方法

③-10　管子割刀的使用方法

管子割刀是一种手动切割 PVC、PPR 等塑料管道的剪切工具，主要辅助切割机和热熔机来完成水管的切割工作，管子割刀的组成及使用方法如图3-27 所示。

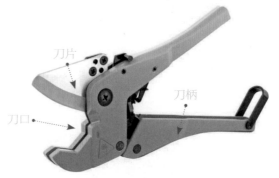

刀片

刀柄

刀口

图 3-27　管子割刀的组成及使用方法

管子割刀使用方法：

（1）将管道放置在管子割刀的刀口中，使管道和割刀垂直加紧。

（2）按压把手，使割刀的刀刃切入管道的管壁，随即均匀地将割刀整体环绕管道旋转。

（3）旋转一圈后再加深按压把手，使刀刃进一步切入管道，每次进刀量不宜过多，只需切割进 1/4 圈即可。

（4）继续转动割刀，保持边切割边旋转，直至将管子割断。

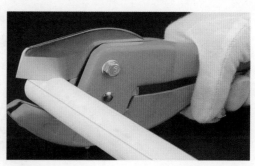

图 3-27　管子割刀的组成及使用方法（续）

3-11　管子台虎钳的使用方法

管子台虎钳是专供装置在工作台上用来夹紧管子或其他圆柱形工件，以便进行铰制螺纹或其他加工用的工具，广泛用于管道安装、管路维修等方面，其组成与使用方法如图 3-28 所示。

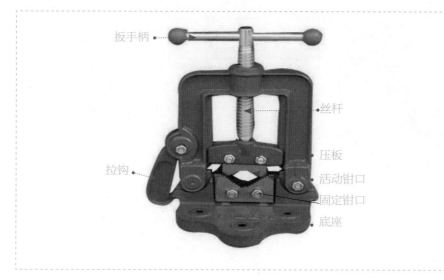

扳手柄

丝杆

压板

拉钩

活动钳口

固定钳口

底座

图 3-28　管子台虎钳的组成及使用方法

管子台虎钳的使用方法如下：

（1）操作时，将管子放入虎钳钳口中，旋转把手卡紧管子。

（2）装夹管子或管件时，必须穿上保险销，压紧螺杆。旋转螺杆时应用力适当，严禁用锤子或加装套管的方法扳手柄。

图 3-28　管子台虎钳的组成及使用方法（续）

③-12　弯管器的使用方法

弯管器是安装布管过程中用到的一种工具，顾名思义，它会将金属管弯曲成所需形状，弯管器如图 3-29 所示。

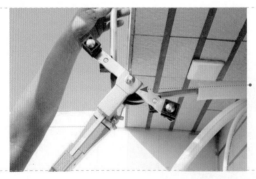

先将金属管插入滚轮和导轮之间的槽内并用紧固螺钉将金属管固定，然后将活动杠杆按顺时针方向转动，金属管在滚轮和导轮的导槽中被弯曲成所需形状。

（a）使用方法

图 3-29　弯管器使用方法及注意事项

更换不同半径的导轮，可弯曲不同半径
的管道，但是金属管的弯曲半径不宜小
于金属管直径的3倍，否则金属管的弯
曲部位的内腔易变形。

弯管器使管道弯曲工整、圆滑、快捷，
不会对管道造成变形和裂变。弯管的
直径范围一般为：14mm、16mm、
18mm、20mm、25mm、32mm。

（b）注意事项

图3-29　弯管器使用方法及注意事项（续）

③-13　热熔器的使用方法

热熔器是一种将热塑性塑料管材、模具加热熔化后进行连接的专业熔接工具。
热熔器在家装中主要用于给水管的连接，通过热熔的方式将水管与水管、水管与
配件粘接在一起，如图3-30所示。

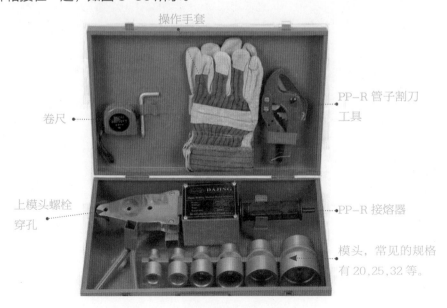

图3-30　热熔器的组成及使用方法

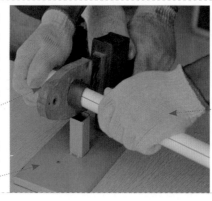

❶ 选择合适的模头，当热熔器加热到240℃（指示灯亮以后），将管材和管件同时推进热熔器的模头内加热。

❷ 管材插入不能太深或太浅，否则会造成缩径或不牢固。

❸ 加热两分钟左右，当模头上出现一圈PPR热熔凸缘时，即可将管材、管件从模头上同时取下，迅速无旋转地直插到所标深度，使接头处形成均匀凸缘直至冷却，牢固而完美的结合。

图 3-30　热熔器的组成及使用方法（续）

❸-14　试压泵的使用方法

试压泵是测试水压、水管密封效果的仪器，通常是一端连接水管，另一端不断地向管内部增加压力，通过压力的增加，测试水管是否有泄漏等问题，如图 3-31 所示。

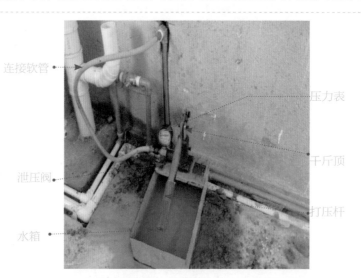

测压方法：先将试压泵的高压软管连接到管路上，并给水箱加水；然后将管道注满水；打开试压泵上的泄压阀将管道中的空气排出；再上下按千斤顶的打压杆，开始打压；当压力表上升到0.8~1.0MPa 时，停止加压；然后观察压力表读数，如果压力不下降，说明管路密封性良好，否则说明有泄漏。

图 3-31　试压泵的使用方法

③-15　卡压钳的使用方法

　　卡压钳一般用于水暖管道的操作，主要用于铝塑管、PEX 管、PB 管与铜管件、铜接头的压接连接，铜管和标准的压接模具配合使用，形成不透水的永久密封，如图 3-32 所示。

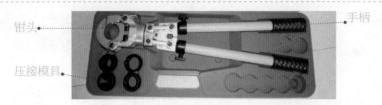

卡压钳使用方法如下：

（1）先在加工的管子一端画线作出插入长度记号，以保证管子插入管件有足够的长度，避免卡压后漏水或脱落。

（2）将管子笔直地插入管件内，不要碰伤密封圈，并按规定的插入长度确认后才能进行卡压作业。

（3）把卡压工具钳口的环状凹槽对准管件的端部内装有密封圈的环状凸部进行卡压作业，卡压作业时注意不要让管子脱出管件。

（4）用六角量规确认卡压尺寸是否到位，卡压六角处能完全卡入六角量规即表示卡压到位。

图 3-32　卡压钳的使用方法

第二篇
水电工施工操作实操

本篇对家装水电材料及水路和电路的基本施工操作进行了详细讲解，包括水材料及水设备选购方法、电材料及电设备的选购方法、家装水路施工操作实战和家装电路施工操作实战等内容。

通过本篇内容的阅读，应熟悉家装水材料和电材料的选购注意事项及水路和电路施工操作技巧。

CHAPTER 4 家装水材料全解析

水路改造对于家庭装修至关重要，合理与否直接影响到业主生活本身。本章中将聚焦于家庭装修水路改造的相关材料，为读者做到图文并茂地解析。无论怎样改造，都应以质量为前提，为以后住得舒适安心。

4-1 家庭装修中的水路改造陷阱

1. 为什么水电改造预算会超支

水电改造预算总是超支，这是因为装修公司并未给出具体明确的水电改造报价，而呈现到业主面前的仅是施工的基础报价。如图 4-1 所示。

水电改造的具体数字应以现场的实际数据为标准，因此装修公司就有"挖陷阱"的机会。

图 4-1 为什么水电改造预算会超支

2.水路改造陷阱

水路改造一般都是直来直去，只涉及厨房、卫浴间、阳台等几个地方，即使不太懂装修的业主对于耗材量也一目了然。因此水路改造的偷工减料行为较电路要少，但也有不少陷阱，如图 4-2 所示。

❶ 水管管件不配套。"减料"并不仅仅指少用材料，也包括使用低劣材料代替高质量的材料。水路改造中，由于管件小，且用到的数量非常多，业主一不注意，碰到不良的装修公司或施工人员，就会出现用低劣的不配套的管件来连接水管，很容易导致后期接口处出现故障。

冷水管 ……

热水管 ……

❷ 冷水管混作热水管。热水管一般比冷水管贵。在施工中，热水必须使用热水管，冷水管可以不分。但是一些不良施工队，可能会使用冷水管作为热水管，这样做虽然暂时没问题，但后期容易造成冷水管破裂漏水。

❸ 水管铺设"省管件"。正规的水路施工中，需要使用到过桥弯、直通、三通等各种小管件，以实现管道铺设的规范。而在不良施工队的手中，很容易出现水路管道拐弯不使用接口，与电线管道相交也不使用过桥弯等现象。这样做虽然省事，但是对管道质量，以及后期施工都有很大影响。

❹ 施工垃圾倾入下水管道。在进行装修时，施工人员有时为了省事，将废物废水和混有大量水泥、沙子、碎片的施工垃圾通通都倒入下水道。这样很有可能造成下水道的堵塞，使得下水不畅。因此，水路施工完毕后，需要将所有的面盆和浴缸注满水，然后看看下水是否畅通。

图 4-2　水路改造陷阱

4-2　怎样选择家居装饰管材

　　面对市场上形形色色的管材，究竟应该如何选购呢？下面分别介绍家装中常用的管材，家装中常用管材主要有镀锌钢管、PVC-U 管，铝塑管、PP-R 管、铜管和不锈钢管等，如图 4-3 所示。

镀锌钢管一般用作煤气、暖气管道，镀锌钢管的水管，会产生大量锈垢，滋生细菌。

PVC-U管是一种塑料管，其抗冻和耐热能力较差，一般用作电线管道和排污管道。

（a）镀锌钢管

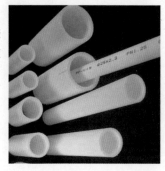

（b）PVC-U 管

铝塑管因为管壁中间有一层金属铝，所以能 100% 隔光、隔氧，且长期耐高温性能良好。通常用来做冷、热水管。

PP-R 管又称三型聚丙烯管，具有重量轻、耐腐蚀、不结垢、使用寿命长等特点。可以用来做热冷水管。

（c）铝塑管

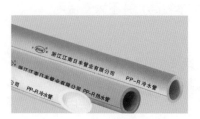

（d）PP-R 管

图 4-3　如何选择管材

铜管性能稳定，极耐腐蚀，能抑制细菌的生长，保持饮用水的清洁卫生，因此用作水管最适合。

不锈钢管在住宅建筑室内给水系统中，采用薄壁不锈钢管更经济。在选择使用时，应采用耐水中氯离子的不锈钢型号。

（e）铜管

（f）不锈钢管

图 4-3 如何选择管材（续）

综上所述，在住宅建筑的给水管材选用中，铜管、铝塑管、PP-R 管、不锈钢管等给水管材均可采用。铜管、铝塑管、不锈钢管可用于住宅的热水给水管。

4-3 水材料之给水管

在家装中常用的给水管材料主要是 PP-R 管、铝塑管等。铜管和不锈钢管由于成本较高，并不大量使用。

1.认识 PP-R 管　　PP-R 管采用无规共聚聚丙烯经挤出成为管材，注塑成为管件。具有重量轻、耐腐蚀、内壁光滑不结垢、施工和维修简便、使用寿命长等特点。如图 4-4 所示。

PP-R管有较好的耐热性。其最高工作温度可达到95℃。当PP-R管在工作温度为70℃，工作压力(P.N)为1.0MPa条件下，使用寿命可达到50年以上。

PP-R管经常在家装时用作冷、热水的给水管，或集中供热系统管道，或可直接饮用的纯净水供水系统等。

图4-4　PP-R管

2.PP-R管的种类

PP-R管主要分为普通PP-R管、玻纤PP-R复合管和金属PP-R复合管等。其中，金属PP-R管又可分为不锈钢塑PP-R复合管、铜塑PP-R复合管和铝塑PP-R复合管等，如图4-5所示。

普通PP-R管用的是PP原料，化学成分为聚丙烯，具有透光透氧性，属低温热水管，使用温度为5~70℃且线性膨胀系数较大，极易热胀冷缩。

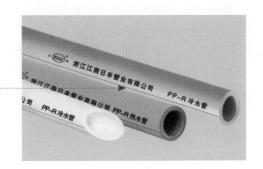

（a）普通PP-R管

图4-5　PP-R管分类

（1）玻纤 PP-R 复合管简称 FR-PP-R，其由三层材料组成，中间层为玻纤增强料，内层为热水料，外层为 PP-R 进口原料。

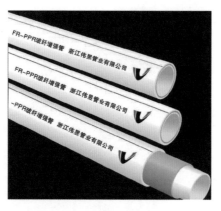

（2）玻纤 PP-R 复合管比普通 PP-R 管的耐高温性能更高（正常使用温度可达到 95~100℃），膨胀系数低（仅为原来的 20%~30%），不透氧透光。且耐压性能更高，使用寿命更长，高强度、抗冲击性能更好，防止管道下垂现象，通常应用在太阳能、热能循环系统、取暖系统，自来水供应系统中。

（b）玻纤 PP-R 复合管

（1）不锈钢 PP-R 复合管是以食品级不锈钢管为内层，以 PP-R 原料为外层。内外壁光滑，流体阻力小，管件连接采用热熔连接，不结垢，不透氧透光，洁净卫生。

（2）不锈钢 PP-R 复合管一般应用于医药用水、高档别墅小区、高层建筑、高压供水等要求较高的管道输送系统。

（c）不锈钢塑 PP-R 复合管

（1）铜塑 PP-R 复合管是将以无缝纯紫铜管为内层，PP-R 原料为外层的水管。

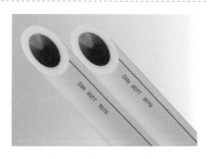

（2）铜塑 PP-R 复合管极耐腐蚀，能抑制细菌的生长，保持饮用水的清洁卫生，且与 PP-R 管的安装工艺相同，施工便捷。一般应用于医药用水、高档别墅小区等要求较高的管道系统。

（d）铜塑 PP-R 复合管

图 4-5 PP-R 管分类（续）

（1）铝塑 PP-R 复合管有五层结构，中间层为薄壁铝层，外层是 PP-R 原料，内层是热水料。层与层之间采用进口热熔胶。具有耐腐蚀、质量轻、机械强度高、耐热性能好、不结垢、使用寿命长等优良特点。

（2）铝塑 PP-R 复合管一般应用于暖气系统、太阳能及热水器的热水管和自来水冷水管。

（e）铝塑 PP-R 复合管

图 4-5　PP-R 管分类（续）

3. 如何选择 PP-R 管

常用的 PP-R 管规格有 5、4、3.2、2.5、2 等几个系列。其中 S5 系列的承压等级为 1.25MPa(12.5kg)；S4 系列的承压等级为 1.6 MPa (16kg)；S3.2 系列的承压等级为 2.0 MPa (20kg)；S2.5 系列的承压等级为 2.5 MPa (25kg)；S2 系列的承压等级为 3.2 MPa (32kg)。通常 S5、S4 系列用作冷水管，其他用作热水管。选择 PP-R 管时，按照图 4-6 所示的方法进行选择。

选择 PP-R 管时，首先看外观，选择色泽基本均匀一致、内外壁光滑平整、无气泡、无明显凹陷和杂质的给水管。

PPR 管主要有白色、灰色、绿色和咖喱色。

（a）看外观

表示属于 S3.2 级系列管材。

40mm 为公称外径，5.5mm 为管壁厚度，4M 为管的长度。

看产品上标识是否齐全，管材上应有生产厂名或商标、生产日期、产品名称（PP-R）、公称外径、管系列 S 等且字迹要清晰，并检查标识是否与实际相符。

图 4-6　选择 PP-R 管

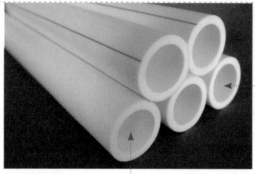

PP-R 管材规格用管系列 S、公称外径 dn× 公称壁厚 en 表示。例如：PP-R 管系列 S3.2、PP-R 公称直径 40mm、PP-R 公称壁厚 5.5mm，表示为 S3.2、40mm×5.5mm。

俗称	内径 /（mm）（公制）	内径 /（mm）（英制）	外径 /（mm）
1 分管	6	1/8	10
2 分管	8	1/4	13.5
3 分管	10	3/8	17
4 分管	15	1/2	21.3
5 分管	20	3/4	26.8
6 分管	25	1	33.5

（b）看参数

PP-R 管主要材料是聚丙烯，好的管材没有气味，差的有怪味，很可能是掺和了聚乙烯。

（c）闻气味

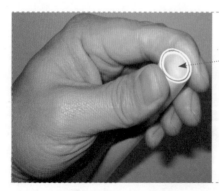

PP-R 管具有相当的硬度，而可以轻松捏变形的管，肯定不是 PP-R 管。

（d）试硬度

图 4-6　选择 PP-R 管（续）

当烧PP-R管时，如果原料中混合了回收塑料和其他杂质的PP-R管会冒黑烟，有刺鼻气味。而好的材质燃烧后不仅不会冒黑烟、无气味，而且熔出的液体依然很洁净。

（e）看燃烧

图4-6　选择PP-R管（续）

4-4　水材料之给水管配件

1.PP-R给水管配件

PP-R给水管配件主要包括直通接头、堵头、弯头、三通接头、过桥弯管、活接头等，它们的作用和规格如图4-7所示。

两端接相同规格的PP-R管。例如：S20表示两端均接20PP-R管。

两端接不同规格的PP-R管。例如：S25*20表示一端接25PP-R管，另一端接20PP-R管。

一端接PP-R管，另一端接外牙。例如：S20*1/2F表示一端接20PP-R管，另一端接1/2寸外牙。

一端接PP-R管，另一端接内牙。例如：S20*1/2M表示一端接20PP-R管，另一端接1/2寸内牙。

等径直通

异径直通

内牙直通

外牙直通

两端接相同规格的PP-R管。例如：L20表示两端均接20PP-R管。

两端接相同规格的PP-R管。例如：L20*20(45°)表示两端均接20PP-R管。

两端接不同规格的PP-R管。例如：L25*20表示一端接25PP-R管，另一端接20PP-R管。

一端接PP-R管，另一端接外牙。例如：L20*1/2F表示一端接20PP-R管，另一端接1/2寸外牙。

等径弯头90°

等径弯头45°

异径弯头

内牙弯头

图4-7　PP-R给水管配件

一端接 PP-R 管，另一端接内牙。例如：L20*1/2M 表示一端接 20PP-R 管，另一端接 1/2 寸内牙。

外牙弯头

一端接 PP-R 管，另一端接外牙。该管件可通过底座固定在墙上。例如：L20*1/2F（Z）表示一端接 20PP-R 管，另一端接 1/2 寸外牙。

带座内牙弯头

三端接相同规格的 PP-R 管。例如：T20 表示三端均接 20PP-R 管。

等径三通

三端均接 PP-R 管，其中一端变径。例如：T25 表示两端均接 25PP-R 管，中间接 20PP-R 管。

异径直通

两端接 PP-R 管，中端接外牙。例如：T20*1/2F*20 表示两端接 20PP-R 管，中间接 1/2 寸外牙。

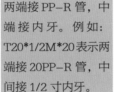

内牙三通

两端接 PP-R 管，中端接内牙。例如：T20*1/2M*20 表示两端接 20PP-R 管，中间接 1/2 寸内牙。

外牙三通

用于相关规格 PP-R 管的封堵。例如：D20 表示接 20PP-R 管。

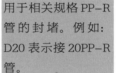

管帽

两端接相同规格的 PP-R 管。例如：S20 表示两端均接 20PP-R 管。

阀门

两端接相同规格的 PP-R 管件。

过桥弯管

两端接相同规格的 PP-R 管。例如：W20 表示两端均接 20PP-R 管。

过桥弯

用于需拆卸处的安装连接，一端接 PP-R 管，另一端接外牙。例如：S20*1/2F（H）表示一端接 20PP-R 管，另一端接 1/2 寸外牙。

内牙活接

图 4-7　PP-R 给水管配件（续）

用于需拆卸处的安装连接，一端接PP-R管，另一端接内牙。例如：T20*1/2M*20表示两端接20PP-R管，中间接1/2寸内牙。

用于需拆卸处的安装连接，一端接PP-R管，另一端接外牙，主要用于水表连接。

用于需拆卸处的安装连接，一端接PP-R管，另一端接外牙，主要用于水表连接。

外牙活接

内牙直通活接　　内牙弯头活接

图4-7　PP-R给水管配件（续）

2. 家装给水管配件用量

家装时给水管主要配件用量标准如图4-8所示。

（a）90°等径弯头

90°弯头：按大约1:1与管材配货。比如水管42m，90°弯头大概配42个。

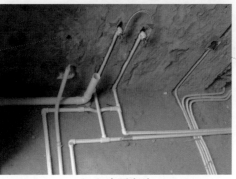

一般厨房洗菜盆用两个，卫生间中淋浴用两个，洗脸盆用两个，马桶用一个，热水器用两个，洗衣机用一个，拖把池用一个。

内牙弯头：一卫一厨大概配11个。内牙弯头PP-R端用于连接PP-R水管，带丝部分用于连接龙头等洁具。

（b）内牙弯头

图4-8　给水管主要配件用量标准

等径三通大概按4∶1（与水管长度的比例）配置个数。

（c）等径三通

过桥弯管一般配两根左右。当热水管和冷水管有交叉时，可用过桥弯管。

（d）过桥弯管

异径直通或弯头：主要用于连接开发商的水管与给水管主管道。一般用一个。

（e）异径直通或弯头

图4-8 给水管主要配件用量标准（续）

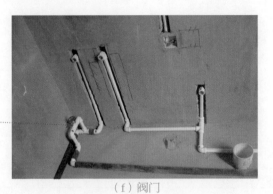

阀门：一般一户一个，用于控制室内水的开或关。

（f）阀门

图4-8　给水管主要配件用量标准（续）

下面给出一卫一厨冷水用4分管、热水用4分管水管和管配件用量参考，见表4-1。

表4-1　一卫一厨冷水用4分管、热水用4分管用量参考

产品名称	规格		单位	用量
冷水管－S4	4分	$\phi 20 \times 2.3$	米	约24
热水管－S3.2	4分	$\phi 20 \times 2.8$	米	约18
等径弯头90°	4分	$\phi 20$	只	约40
内牙弯头90°	4分	$\phi 20 \times 1/2$	只	约12
等径三通	4分	$\phi 20$	只	约10
内牙接头	4分	$\phi 20 \times 1/2$	只	约1
套管	4分	$\phi 20$	只	约3
等径弯头45°	4分	$\phi 20$	只	约4
过桥弯管	4分	$\phi 20 - S3.2$	根	约2
异径直通	6分×4分	$\phi 25 \times 20$	只	约1
阀门	4分	$\phi 20$	只	约1
堵头			个	约12
高压管		300mm	支	约1
丝达子			个	约2
生料带			带	约2

一卫一厨冷水用6分管、热水用4分管水管和管配件用量参考见表4-2。

表 4-2　一卫一厨冷水用 6 分管、热水用 4 分管用量参考

产品名称	规格		单位	用量
冷水管 –S4	6 分	$\phi25\times2.8$	米	约 24
热水管 –S3.2	4 分	$\phi20\times2.8$	米	约 18
等径弯头 90°	4 分	$\phi20$	只	约 25
等径弯头 90°	6 分	$\phi25$	只	约 20
内牙弯头 90°	4 分	$\phi20\times1/2$	只	约 5
内牙弯头 90°	6×4 分	$\phi25\times1/2$	只	约 7
等径三通	4 分	$\phi20$	只	约 4
等径三通	6 分	$\phi25$	只	约 6
内牙活接	4 分	$\phi20\times1/2$	只	约 1
内牙活接	6×4 分	$\phi25\times1/2$	只	约 1
等径直通	6 分	$\phi25$	只	约 3
等径直通	4 分	$\phi20$	只	约 2
等径弯头 45°	4 分	$\phi20$	只	约 2
等径弯头 45°	6 分	$\phi25$	只	约 2
过桥弯管	4 分	$\phi20$–S3.2	根	约 2
阀门	4 分	$\phi20$	只	约 1
堵头			个	约 12
高压管	300mm		支	约 1
丝达子			个	约 2
生料带			带	约 2

3.PP-R 给水管连接方法

PP-R 管的连接方式如图 4-9 所示。

（1）同种材质的给水 PP-R 管及管配件之间，安装应采用热熔连接，使用专用热熔工具。暗效墙体、地坪面内的管道不得采用丝扣或法兰连接。

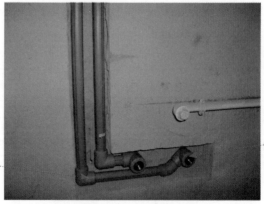

（2）给水 PP-R 管与金属管件连接，应采用带金属管件的 PP-R 管件作为过渡，该管件与塑料管采用热熔连接，与金属配件或卫生洁具五金配件采用丝扣连接。

图 4-9　PP-R 管的连接方式

④-5 水材料之排水管

在家装中常用的排水管材料主要是 PVC-U 管。

1.认识 PVC-U 管　　　　PVC-U 管的主要成分为聚氯乙烯，另外加入其他成分来增强其耐热性、韧性、延展性等。PVC-U 管如图 4-10 所示。

PVC-U 管抗腐蚀能力强、具有良好的水密性、耐化学腐蚀性好、具有自熄性和阻燃性、耐老化性好，电性能良好、但韧性低，线膨胀系数大，使用温度范围窄（不超过45℃）。

由于有 PVC-U 单体和添加剂渗出，只适用于排水系统、电线穿管及输送温度不超过 45℃ 的给水系统。

图 4-10　PVC-U 管

2.PVC-U 管的规格　　　　PVC-U 管的规格如图 4-11 所示。

PVC-U管材的长度一般为4m或6m。

PVC-U排水管的规格（公称外径，单位为mm）主要有：32mm、40mm、50mm、75mm、90mm、110mm、160mm、200mm、250mm、315mm、400mm、500mm。

图4-11 PVC-U管的规格

3.如何选择 PVC-U管

选择PVC-U管的方法如图4-12所示。

❶ 首先看颜色。选择颜色为乳白色且均匀，然后看管材表面亮度，内外壁均比较光滑。

❸ 看韧性。将PVC管锯成窄条后，试着折180°，如果很难折断，而且在折时需要费力才能折断的管材，强度很好，韧性一般不错。如果一折就断，说明韧性很差，脆性大。最后可观察断茬，茬口越细腻，说明管材均化性、强度和韧性越好。

❷ 看壁厚。厚度需要达到一定的标准，一般以国际标准为主。

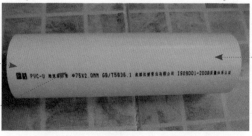

φ75为管的直径，2.0mm为管壁厚。

图4-12 选择PVC-U管的方法

④-6 水材料之排水管配件

1.排水管配件

家装中常用的排水管配件如图 4-13 所示。

主要用于连接管路，使管路透气、溢流。规格主要有 50mm、75mm、110mm、160mm、200mm。

规格主要有 110mm。

伸缩节主要用于两根水管之间的连接，两根管子的连接处可自由活动，防止由于热胀冷缩而造成管子弯曲。

弯头主要用来改变管路方向，检查口用来检查管道堵塞。规格主要有50mm、75mm、110mm、160mm、200mm。

检查口

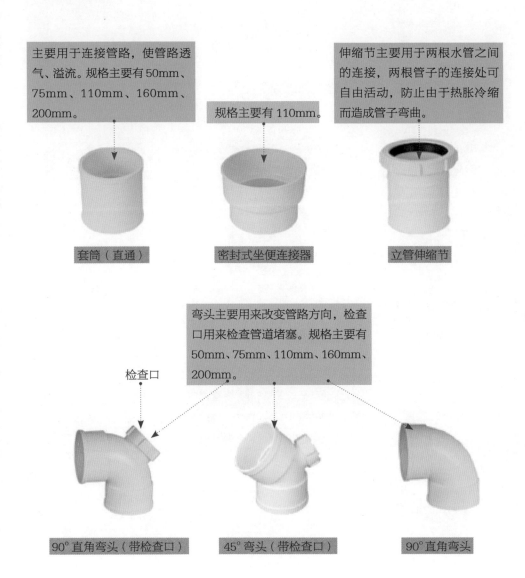

套筒（直通）　　　密封式坐便连接器　　　立管伸缩节

90°直角弯头（带检查口）　　45°弯头（带检查口）　　90°直角弯头

图 4-13　排水管配件

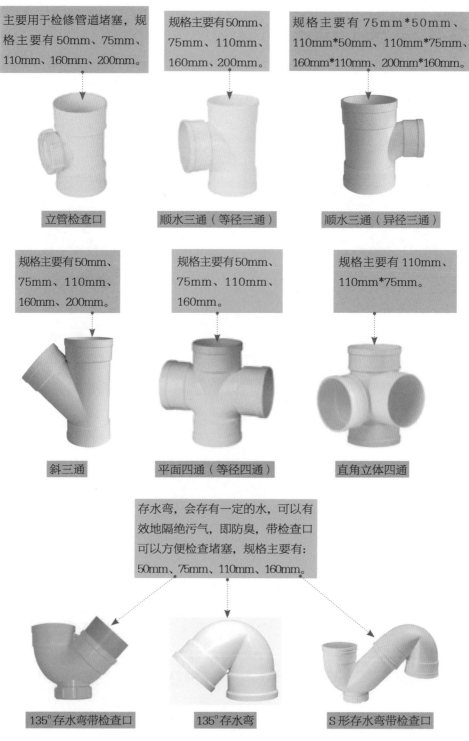

主要用于检修管道堵塞，规格主要有 50mm、75mm、110mm、160mm、200mm。

规格主要有50mm、75mm、110mm、160mm、200mm。

规格主要有 75mm*50mm、110mm*50mm、110mm*75mm、160mm*110mm、200mm*160mm。

立管检查口　　　　　顺水三通（等径三通）　　　　　顺水三通（异径三通）

规格主要有50mm、75mm、110mm、160mm、200mm。

规格主要有50mm、75mm、110mm、160mm。

规格主要有 110mm、110mm*75mm。

斜三通　　　　　平面四通（等径四通）　　　　　直角立体四通

存水弯，会存有一定的水，可以有效地隔绝污气，即防臭，带检查口可以方便检查堵塞，规格主要有：50mm、75mm、110mm、160mm。

135°存水弯带检查口　　　　135°存水弯　　　　S形存水弯带检查口

图 4-13　排水管配件（续）

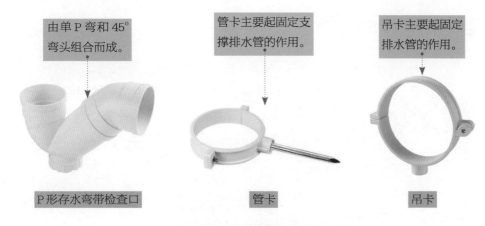

由单 P 弯和 45°弯头组合而成。

管卡主要起固定支撑排水管的作用。

吊卡主要起固定排水管的作用。

P 形存水弯带检查口　　　　　　管卡　　　　　　　　　吊卡

图 4-13　排水管配件（续）

2. PVC-U 管连接方式

PVC-U 管的连接方式主要有密封胶圈、粘接和法兰连接三种，如图 4-14 所示。

管径不小于 100mm 的管道一般采用胶圈接口。

管径小于 100mm 的管道一般采用粘接接头，也有的采用活接头。

当小口径管道采用溶剂粘接时，须将插口处倒小圆角，以形成坡口，并保证断口平整且垂直轴线，这样才能粘接牢固，避免漏水。

采用胶圈接口时，安装前必须安排人员将管子插口部位倒角，还要检查胶圈质量是否合格。安装时必须将承口、胶圈等擦干净。

法兰连接就是把两个管道、管件或器材，先各自固定在一个法兰盘上（如果管件和器材已经自带法兰盘就不用再单外装法兰盘），两个法兰盘之间，加上法兰垫，用螺栓紧固在一起，完成连接。

图 4-14　PVC-U 管连接方式

④-7 水材料之阀门

1.阀门的种类

在家装水电系统中，阀门是用来改变通路断面和水流动方向，具有导流、截止、节流、止回、分流或溢流卸压等功能。

家庭居室装修中用到的阀门主要有球阀和三角阀两类，如图4-15所示。

进水管管阀（一般用球阀，可调节水量的大小）。

球阀是指用带圆形通孔的球体作启闭件，球体随着阀杆转动，以实现启闭动作的阀门。

球阀的主要特点是本身结构简单、体积小、重量轻、紧密可靠、易于操作和维修。

接软管用的三角阀（用于水槽、面盆、浴缸、马桶、热水器软管接水）。

因为管道在角阀处成90°的拐角形状，所以叫作三角阀。其特点是流路简单、死区和涡流区较小、流阻小。

图4-15 家装中的阀门

2. 如何选择阀门

阀门的材质主要有 304 不锈钢、黄铜、锌合金、塑料等，如图 4-16 所示。

304 不锈钢阀门的特点是耐高压、耐腐蚀、结构简单、体积小、紧密可靠。但价格较高。

黄铜阀门的特点是易加工、可塑性强、有硬度、抗折抗扭力强、不易生锈、耐腐蚀性强。

锌合金阀门的优点是造价低，缺点是抗折抗扭力低、表面易氧化和寿命短。

塑料阀门具有质量轻、耐腐蚀、不吸附水垢等特点。

图 4-16　各种材质的阀门

在选择阀门时，应根据使用者的不同要求选择不同类型的阀门，一般黄铜阀门价格适中，寿命较长，是不错的选择，如图 4-17 所示。

选购时首先目测阀门，表面应无砂眼；电镀表面应光泽均匀，无脱皮、龟裂、烧焦、露底、剥落、黑斑及明显的麻点等缺陷；喷涂表面组织应细密、光滑均匀，不得有流挂、露底等缺陷。否则会直接影响阀门的使用寿命。

管螺纹与连接件的旋合有效长度将影响密封的可靠性，选购时要注意管螺纹的有效长度。一般 Dn15 的圆柱管螺纹有效长度在 10mm 左右。

阀门的管螺纹与管道连接，在选购时目测螺纹表面有无凹痕、断牙等明显缺陷。

图 4-17　选择阀门

家装中阀门的使用量统计（一厨一卫用量）如图 4-18 所示。

菜盆龙头两只（冷和热），洗脸盆龙头两只（冷和热），马桶一只（冷），热水器两只（冷和热），而洗衣机、拖布池、淋浴龙头都不装，共计七只三角阀。

图 4-18　家装中阀门用量统计

水表旁边1只（球阀）。

图4-18　家装中阀门用量统计（续）

④-8　水材料之水龙头

<table>
<tr>
<td>**1.水龙头的种类和作用**</td>
<td>水龙头是用来控制水流的大小开关。水龙头按结构来分，可分为单联式、双联式和三联式等几种水龙头。另外，还有单手柄和双手柄之分，如图4-19所示。</td>
</tr>
</table>

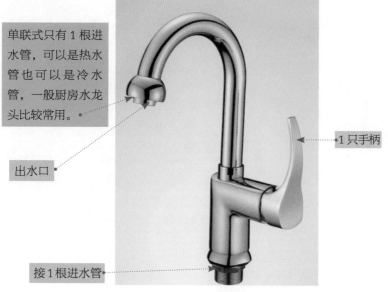

单联式只有1根进水管，可以是热水管也可以是冷水管，一般厨房水龙头比较常用。

1只手柄

出水口

接1根进水管

（a）单联式水龙头

图4-19　水龙头

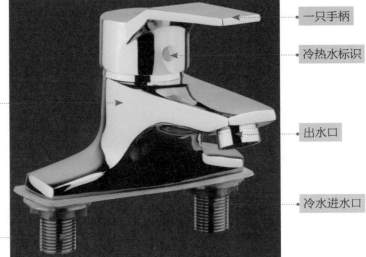

一只手柄

冷热水标识

双联式单手柄水龙头有两个进水管，分别供应冷热水，由单一手柄控制。

出水口

冷水进水口

热水进水口

（b）双联单手柄水龙头

双联双手柄水龙头分别有冷、热水管两个进水管，由两个手柄单独控制，在使用时可以通过调节两个手柄来控制水温。多用于浴室面盆以及有热水供应的厨房洗菜盆的水龙头。

出水口

手柄1

手柄2

（c）双联双手柄水龙头

图4-19　水龙头（续）

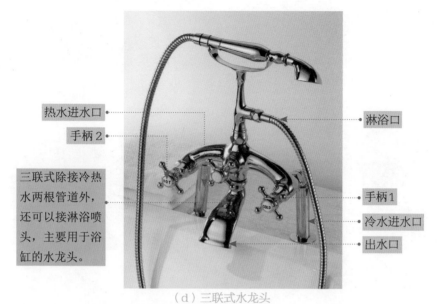

热水进水口

手柄 2

三联式除接冷热
水两根管道外，
还可以接淋浴喷
头，主要用于浴
缸的水龙头。

淋浴口

手柄 1

冷水进水口

出水口

（d）三联式水龙头

图 4-19　水龙头（续）

在家装中，主要在厨房和卫生间安装水龙头。家装中常用的水龙头主要包括
面盆水龙头、淋浴水龙头、菜盆水龙头、洗衣机水龙头等，如图 4-20 所示。

面盆水龙头根据水
龙头款式分为：单
联单手柄、单联双
手柄、双联双手柄、
双联单手柄等，其
中双联单手柄家装
中应用比较多。

面盆水龙头又分为坐
式面盆水龙头（指常
规的与面盆孔对接水
管，与面盆相连接的
龙头）和挂墙式面盆
水龙头（指从面盆对
着的那堵墙延伸出来
的水龙头，水管都是
埋在墙壁里）。

（a）面盆水龙头

图 4-20　家装中常用的水龙头

淋浴水龙头是一种冷水与热水的混合阀，并需要接手提花洒，淋浴水龙头一般采用双联单手柄的较多。

双联双手柄的淋浴水龙头在使用时，需要分别调整冷水和热水手柄来调节水温度。

接花洒

手柄

如果需要下出水则采用三联水龙头接花洒。

接花洒

热水手柄

冷水手柄

（b）淋浴水龙头

菜盆水龙头是安装在厨房洗水池上供洗菜、刷碗用的，它在造型上的特点是出水管较长，出水口较高，出水管可以左右旋转，以方便锅盆等较大的物品放在池内洗涤。

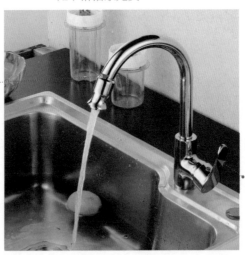

菜盆水龙头通常采用双联单手柄龙头。

（c）菜盆水龙头

图4-20　家装中常用的水龙头（续）

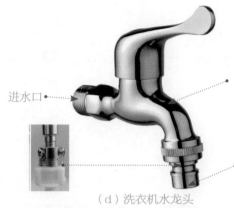

进水口

洗衣机水龙头是指出水口采用专门的洗衣机专用出水口的水龙头。

洗衣机专用出水口。

（d）洗衣机水龙头

图 4-20　家装中常用的水龙头（续）

选购水龙头的方法如图 4-21 所示。

2. 如何选购水龙头

❶ 首先旋转手柄，感觉轻便、顺滑。水龙头阀芯通常分为钢球阀芯和陶瓷阀芯。钢球阀芯抗压能力好，但是起密封作用的橡胶密封圈易损耗、老化快。陶瓷阀芯更为耐热耐磨，并且具有良好的密封性能，耐用。

❷ 看外表，分辨水龙头好坏要看其表面镀层光亮程度，水龙头表面没有氧化斑点、没有气孔、没有漏镀和泡以及烧焦痕迹、色泽均匀没有毛刺和砂粒的才是好产品。

❸ 看材质，水龙头的材质很重要，有全塑、全铜、合金材料、陶瓷、不锈钢等，其中全铜、不锈钢或陶瓷材质的水龙头，耐用而且不容易污染水。

图 4-21　选购水龙头

④-9 洗面器

1.洗面器的种类

洗面器是供洗脸、洗手用的卫生设备。洗面器的材质主要有陶瓷、人造大理石、玻璃、不锈钢等。在样式上分为台式、立柱式及挂式洗面器三种，如图 4-22 所示。

台式洗面器分为台上式和台下式。台上式洗面器直接安装在台上，脸盆修边以修饰台面。

台下式洗面器则是配合坚固台面材料，安装在台面下的面盆。

（a）台式洗面器

立柱式洗面器的立柱和洗面器通常设计为一体，脸盆下空间开阔，易于清洁。

（b）立柱式洗面器

图 4-22　洗面器的种类

挂式洗面器又称挂墙式洗面器，是将洗面器直接固定在墙上，或采用支架将洗面器固定在墙上。

（c）挂式洗面器

图 4-22　洗面器的种类（续）

2. 如何选购洗面器

洗面器的材质主要有陶瓷、磨光黄铜、人造大理石、人造玛瑙、玻璃、不锈钢等。其中，陶瓷洗面器是目前使用最广泛的品种，如图 4-23 所示。

❶ 首先要检查洗面器的外观质量：对着光线多角度观察陶瓷的侧面，看洗面器的釉面是否光滑；是否有裂纹、缺釉、棕眼、坑包等缺陷，用手在陶柜盆表面轻轻抚摸，手感是否平整细腻。检查靠墙的安装面正规无翘曲，安装孔是否变形。

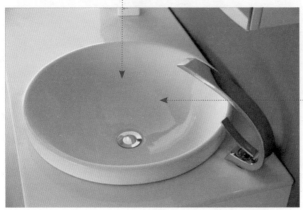

❷ 要看陶瓷柜盆的规格和款式：根据卫浴空间的大小和位置，选购款式。检查柜体的材质，注意防水性能。

图 4-23　选购洗面器

④-10 坐便器

1·坐便器的种类

市场上的坐便器按排污方式区分有冲落式、虹吸喷射式和虹吸漩涡式等几种。另外根据坐便器水箱的情况，还分为分体式、连体式、挂墙式三种，如图 4-24 所示。

冲落式坐便器是目前国内中、低档坐厕中最流行的坐便器，主要是利用水流的冲力来排出污物。

冲落式坐便器的特点为池壁较陡、容易产生积垢现象、噪声大、价格便宜，用水量小。

（a）冲落式坐便器

虹吸喷射式坐便器内有呈侧倒状的 "S" 形管道，增设喷射附道，喷射口对准排污管道入口的中心，喷射口径约为 20mm，借其较大的水流冲力将污物推入排污管道内，同时借其大口径的水流量促进虹吸作用加速形成，加快了排污速度。

虹吸喷射式坐便器的特点如下：池壁坡度较缓、可减少气味、防止溅水、噪声较低。

（b）虹吸喷射式坐便器

图 4-24　坐便器种类

漩涡式坐便器是利用冲洗水从池底沿池壁的切线方向公出促成漩涡，随着水位的增高充满排污管道，当便池内水面与便器排污口形成水位差时，虹吸形成，污物随之排出。

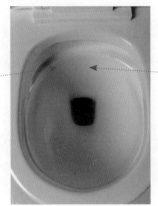

漩涡式坐便器的特点如下：水箱与便器合为一体、冲水过程迅速彻底、存水面积大、气味小、噪声低。

（c）漩涡式坐便器

分体式坐便器的水箱与座体分开设计、安装。价格便宜、维修简单、占地较大，不易清理。

连体式坐便器的水箱、马桶座体合二为一。安装省事、便于清洁、占地较小，造型多、价格比分体高。

挂墙式坐便器的水箱嵌入墙体内部，可以"挂"在墙上使用。节省空间、质量要求极高、价格较贵。

（d）分体式坐便器　　　　（e）连体式坐便器　　　　（f）挂墙式坐便器

图 4-24　坐便器种类（续）

2.如何选购坐便器

坐便器选购方法如图 4-25 所示。

① 首先要量好排水口中心到墙的距离，然后选择同等距离的坐便器，否则无法安装，一般距离为 305mm 或 400mm。

② 选择不同的排水方式。冲落式及虹吸冲落式注水量约为 9L，排污能力强，只是冲水时噪声大。漩涡式一次用水量较大，为 13~15L，但它具有良好的静音效果。

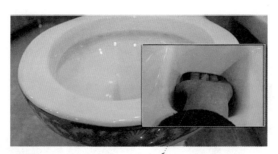

③ 看釉面是否均匀、光泽度高。可以把手伸进排污口，摸返水湾是否有釉面。合格的釉面一定是手感细腻的，釉面用得很薄的话，在转角的地方就会不均匀，摸起来就会很粗糙。

图 4-25　坐便器选购方法

④-11　地漏

1. 地漏的种类

从使用位置看，家中需要使用地漏的地方主要有：卫生间（一般两个地漏）、洗衣机旁（根据洗衣机位置来定）、厨房（一般一个地漏）和阳台（一般一个地漏）。从内部结构分，地漏主要包括浅水封地漏、深水封地漏、翻板地漏、T 形磁铁地漏、硅胶式地漏、弹簧式地漏等，具体如图 4-26 所示。

面板主体　盖板

浅水封地漏：主要通过表面的水封住臭味，此种地漏不能很好地防臭，容易发生堵塞，排水速度慢。

深水封地漏：有内外两层胆，防臭性能极佳，缺点是地面要垫高，地漏的排水速度慢，有时候会发生堵塞的情况，易沉积污垢。

面板　盖板

滤网

一体内芯

一体外芯

面板主体

盖板

翻板芯

小盖

过滤网

翻板地漏：优点是下水速度快，但防臭效果不佳，销子易损坏。

T 形磁铁地漏：通过两片磁铁的磁力吸合密封垫来密封，有水时打开，没水时关上。缺点是磁铁容易吸附各种杂质和头发缠绕而失效，密封效果变差。

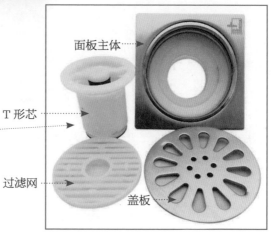

面板主体

T 形芯

过滤网

盖板

图 4-26　地漏种类

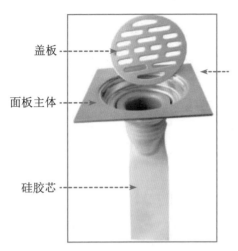

硅胶式地漏的下水处是硅胶片，有水时冲开硅胶片，无水时硅胶闭合，起到防臭效果。此种地漏下水很快，防臭效果也较好，但污垢留在两硅片处就形成缝隙，影响防臭。另外，不耐腐蚀、也不防虫鼠，使用寿命较短。

盖板 ------

面板主体 ------

硅胶芯 ------

弹簧式地漏利用弹簧、密封垫及盖板来实现密封。弹簧式地漏具有排水快的优点，但是弹簧容易锈蚀，弹性逐渐减弱，直至失效，寿命不长。此外，弹簧容易缠绕毛发、织物，不易清理，防臭效果较差。

------ 盖板

------ 过滤网

------ 面板主体

------ 弹簧芯

图 4-26　地漏种类（续）

| 2.如何选购地漏 | 地漏选购方法如图 4-27 所示。 |

① 选购材质。由于地漏埋在地面以下，要求密封好且不能经常更换，因此选择适当的材质非常重要。市场上的地漏从材质上分主要有全铜材质、不锈钢材质、PVC材质、合金材质等几种。全铜材质地漏最耐用，但价格高；不锈钢地漏价格适中、美观、耐用。不过要选择304和306不锈钢；PVC地漏价格低、物理性能一般、易老化；锌合金地漏价格便宜、材质较脆、强度不高、时间长了面板容易断裂、不耐腐蚀、使用寿命短。

② 防臭方式选择。选购地漏，除了材质外，防臭也很关键。现在市场上的地漏按防臭方式主要分为水封防臭地漏、自封防臭地漏和三防地漏三种，其中自封防臭地漏包括翻板地漏、弹簧式地漏、磁铁地漏和硅胶地漏。

③ 水封防臭地漏是最传统也最常见的。它主要是利用水的密闭性来阻止异味的传播，在地漏的构造中，储水湾是关键。这样的地漏应尽量选择储水湾比较深的，不能只图外观漂亮。

④ 翻板地漏结构比较简单，价格较便宜。地漏芯翻板如果缠上杂物，合闭的中间会造成堵塞合不严实，则会漏气不防臭。

⑤ 弹簧式地漏多用于洗漱盆。

⑥ 磁铁地漏适用于厨房，由于磁铁容易吸附各种杂质和被头发缠绕，因此不建议安装在浴室。

⑦ 硅胶地漏主要用硅胶做成鸭嘴形出水口，排水时，冲开口，特别顺畅。不排水时，闭合严实，防臭效果较好。

⑧ 三防地漏是指防臭、防虫、防溢水的地漏。三防地漏是迄今最先进的防臭地漏。

图4-27 地漏选购方法

家装电材料全解析

电路改造是家装施工中最容易出现问题的环节，也是每一个装修业主疑惑最多的环节，想要电路改造既安全又美观就需要选择正确的装修材料，那么电路改造用哪些材料？电路改造材料怎么选？本章将详细讲解。

⑤-1 水电工程花费学问很大

常言道："水火无情"，水电出了问题就不是小问题，严重的会造成难以承担的损失。水电路改造是隐蔽工程，往往在装修前期就完成了。之后如果出现问题，修补的成本很高，如图 5-1 所示。

水电施工是装修工程各个环节中利润最大的环节之一，而水电施工工程量预先不确定，这样就给了不良商家宰人的机会。这就是为什么很多业主会担心，水电施工给了专业水电公司以后，原来的装修队会放弃装修项目的原因。

图 5-1　水电改造花费学问很大

1. 不要糊里糊涂地被人增加施工量

装修中进行水电改造时，不要糊里糊涂地被人增加施工量，如图 5-2 所示。

最近有人问我：我家 43 ㎡原来估算水电改造支出是 8 000 元，现在超额了，要到 12 000 元，咨询别人是不是增加了节门、配电箱以及多收了安装开关面板的钱？那些增项其实没多少钱，唯一可能的就是废弃原有管线，全部重来。

无论是一手房还是二手房，在交房的时候，水电工程都已经完成，照明电路布置完毕，开关、插座、有线电视也都安装到位。不良装修公司往往误导消费者说，"开发商做的施工质量不如业主自己改的"。其实，根据国家相关规定，开发商所使用的材料都是经过严格招标的，施工质量也很好。

装修时，应尽量多地使用开发商原有的设施是最明智的选择。只要在原来开发商已有的基础上修修补补，其改造施工量应该是非常有限的。

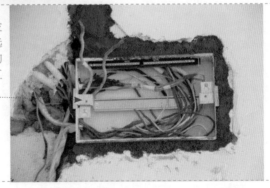

图 5-2　被增加的施工量

绕线是包工头常用的宰人方法，很多的施工现场，墙上地上到处都是密密麻麻的电线管，管子绕来绕去而没有采用两点直线走线法。另外，有的一根电线走一根管子，实在太浪费，正常3根线1根管子。

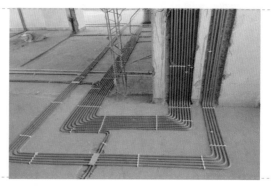

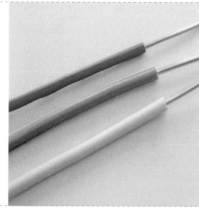

不同粗细的电线可以带多少功率呢？如果用很粗的电线而没有负载是严重浪费，而如果电流很大而电线过细会引起火灾。一般1 ㎡的纯铜电线可承载的最大电流是5A，即1 100W；2.5 ㎡的铜线可承载的最大电流是15A，即3 300W，家中使用最多的是2.5 ㎡的电线；4 ㎡铜线可以承载的最大电流是25A，即5 500W。

增加施工量对装修是画蛇添足，不但价格增加了不少，对装修工程质量也只有坏处没有好处。看到很多装修工地的墙上、地上满布着各种管线，密密麻麻的。这些管线开的槽是对墙面的伤害，以后墙面容易出现开裂、变形。

图 5-2　被增加的施工量（续）

2. 换线还是推倒重来

不管是新房还是二手房，其实在交房的时候，水电工程大多都已经完成，装修时，可以修修补补，不一定非要推倒重来，如图 5-3 所示。

❶ 电路施工合格的标准之一是电线要拉得动，因为电线容易老化，拉得动的目的是可以方便地换线而不用开膛破肚地重新埋电线管。一般换线工作量不大，一会儿就可以换完。

❷ 现在很多人买的是二手房，如果电线有问题，一般换线就可以解决。费用也低多了。

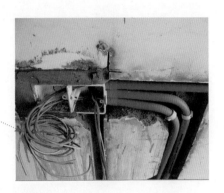

❸ 水电施工行业有一些通用的标准，比如，管线走竖不走横、照明和动力要分别走回路、水路管线走顶不走地等。管线走竖不走横，就是要让未来做修理工作的工人知道管线的位置，避免在有管线的位置钉钉子、打孔。

❹ 照明和动力要分别走回路是避免负载不均衡，保证安全的措施。不同粗细的电线可以带多少功率呢？如果用很粗的电线而没有负载是严重浪费，如果电流很大而电线过细则会引起火灾。

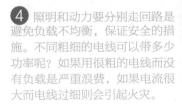

图 5-3　换线还是推倒重来

⑤-2 电材料之电线电缆

1.认识电线电缆的规格

电缆是用以传输电（磁）能、信息并实现电（磁）能转换的线材产品。图 5-4 所示为电线电缆的规格。

表示电缆的型号: 60227IEC01(BV) 表示一般用途单芯硬导体无护套铜电缆，其中，BV 中的 B 为用途代号: A 表示安装线，B 表示绝缘线， R 表示软线，ZR 表示阻燃型，NH 表示耐火型；V 为绝缘层代号: V 表示 PVC 塑料，Y 表示聚乙烯料；另外，还有导体代号: T 表示铜导线，一般省略不写，L 表示铝芯导线；护层代号: V 表示 PVC 套，Y 表示聚乙烯料，N 表示尼龙护套，P 表示铜丝编织屏蔽；特征代号: B 表示扁平型、R 表示柔软、S 表示双绞型。另外，如果型号为 BV−90，型号中的数字 90 表示电缆导体的允许长期最高工作温度为 90℃。如果没有数字则表示电缆导体的允许长期最高工作温度为 70℃。

家装常用电缆示例: BLV 表示铝芯聚氯乙烯绝缘电线，RV 表示铜聚氯乙烯绝缘安装软线，BVR 为铜芯聚氯乙烯绝缘软电缆，BVVB 为铜芯聚氯乙烯绝缘聚氯乙烯护套扁型电缆，RVB 表示铜芯聚氯乙烯绝缘平型连接线软线。

规格:
1/1.78mm 表示导线为一根，即单芯，导线的直径为 1.78mm。

长度: 100M 表示电线电缆的长度为 100 m。

截面为电缆导体的横截面积，2.5MM² 表示导线的横截面积为 2.5mm²。家装中常用的导线截面为 1.5MM²、2.5MM²、4MM²、6MM²、10MM² 等几种。一般 1MM² 的导线可承受大约 6A 的电流。在家装中，进户线多采用 6~10MM² 的硬电线，照明电线多采用 1.5MM² 的电线，灯头线大多采用软性电线。插座一般采用 2.5~4MM² 的硬电线，空调电线根据选购的空调功率来决定，基本上用 4~6MM² 的硬电线。

电压为电线电缆适用的额定电压值。450/750V 表示分别适用于额定电压 450/750V 及以下的动力装置、固定布线等之用，其中 450V 为电缆的额定相电压，750V 为电缆的额定线电压。电线电缆使用的额定电压值通常有三种: 450/750V、300/500V 和 300/300V。

图 5-4 电线电缆的规格

2. 家装中常用强电电线电缆

家装中常用电线电缆包括 BV 电缆、BVR 电缆、BVV 电缆、BVVB 电缆、RV 电缆、RVB 电缆、RVV 电缆、RVS 电缆、RVVB 电缆等，具体如图 5-5 所示。

适用于居室进户线、室内布线、插座布线、家电产品安装用线、照明布线等。

PVC 绝缘

单股铜芯导体

（a）BV 电线电缆

PVC 绝缘

多股铜芯导体属于软线。

适用于配电箱、电动机、插座布线、照明布线等。

（b）BVR 电线电缆

PVC 圆护套

PVC 绝缘

适用于家装进户线、插座布线、照明布线等。

2~5 股铜芯硬导体

（c）BVV 电线电缆

图 5-5　常用电线电缆

PVC 扁平护套

适用于配电箱、照
明布线、插座用线
等。

PVC 绝缘

2~5 股铜芯硬导体

（d）BVVB 电线电缆

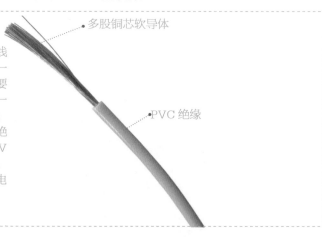

多股铜芯软导体

BVR 电线电缆与 RV 电线
电缆区别：导体结构不一
样，RV 的导体细，根数要
多些；电压等级不一样，一
般的 BVR 的电压等级要高；
绝缘厚度也不一样，BVR 绝
缘要厚点；用途不一样，RV
主要用于家用电器连接线，
BVR 主要用于电动机、配电
柜。

PVC 绝缘

（e）RV 电线电缆

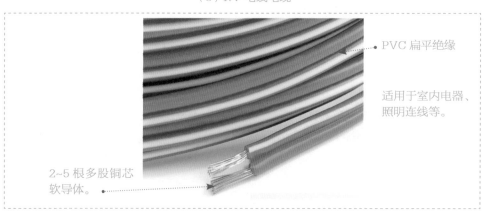

PVC 扁平绝缘

适用于室内电器、
照明连线等。

2~5 根多股铜芯
软导体。

（f）RVB 电线电缆

图 5-5　常用电线电缆（续）

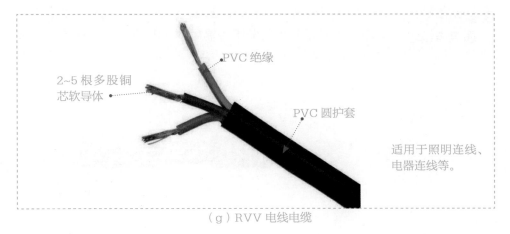

PVC 绝缘

2~5 根多股铜
芯软导体

PVC 圆护套

适用于照明连线、
电器连线等。

（g）RVV 电线电缆

多股铜芯双绞线

PVC 绝缘

适用于照明
连线、电话
线等。

（h）RVS 电线电缆

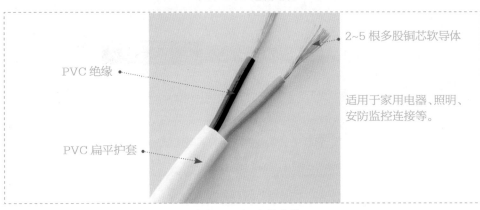

2~5 根多股铜芯软导体

PVC 绝缘

适用于家用电器、照明、
安防监控连接等。

PVC 扁平护套

（i）RVVB 电线电缆

图 5-5　常用电线电缆（续）

| **3. 家装中常用弱电电线电缆** | 弱电电缆是指用于安防通信、有线电视、网络、音视频传输、电话通信及相关弱电传输用途的电缆。图 5-6 所示为家装中常用的弱电电缆。 |

SYV 75-5-1 中的 S 表示射频，Y 表示聚乙烯绝缘，V 表示聚氯乙烯护套，75 表示 75Ω，5 表示线径为 5MM，1 表示单芯。

（a）SYV 75-5-1 实心聚乙烯绝缘聚氯乙烯护套同轴电缆

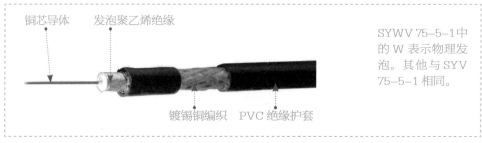

SYWV 75-5-1 中的 W 表示物理发泡。其他与 SYV 75-5-1 相同。

（b）SYWV 75-5-1 物理发泡聚乙烯绝缘聚乙烯护套同轴电缆

RG 系列电缆属于物理发泡聚乙烯绝缘接入网电缆，用于同轴光纤混合网（HFC）中传输数据模拟信号，最常用的同轴电缆有下列几种：RG-8 或 RG-11：50Ω；RG-58：50Ω；RG-59：75Ω；RG-62：93Ω。

（c）RG-58 50Ω 系列同轴电缆

图 5-6　家装中常用的弱电电缆

四芯电话线主要适用于室内外电话安装，需要连接程控电话交换机的线路及数字电话。

两芯电话线主要用来直接连接电话机。

（d）2×1/0.5电话线和4×1/0.5电话线

金线采用铜芯导体。

透明PVC绝缘

音箱线的规格主要有50、100、150芯等，主要用来连接功放机和音箱。

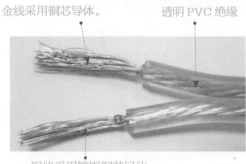

银线采用镀锡铜芯导体。

（e）音箱线

AV线能有效排除外来电磁干扰，并能原汁原味地传输信号，通常用作音响设备、家用影视设备音频和视频信号连接。

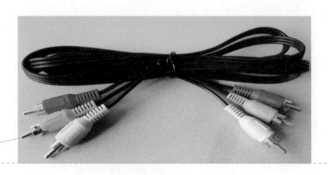

AV线的两端通常都是莲花头（RCA头）

（f）AV线

图5-6　家装中常用的弱电电缆（续）

五类线采用4个绕对和1条抗拉线，线的颜色为白橙、橙、白绿、绿、白蓝、蓝、白棕和棕。五类线的传输带宽为100MHz，主要用于 100BASE–T 和 10BASE–T 网络。

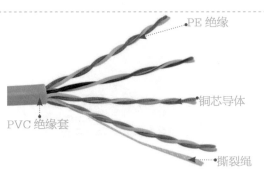

PE 绝缘

铜芯导体

PVC 绝缘套

撕裂绳

（g）五类非屏蔽双绞线

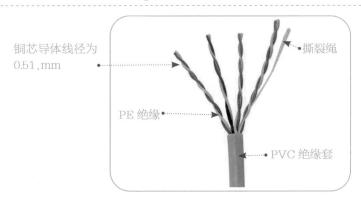

铜芯导体线径为 0.51,mm

撕裂绳

PE 绝缘

PVC 绝缘套

超五类线具有衰减小，串扰少，并且具有更高的衰减与串扰的比值和信噪比，更小的时延误差。它主要用于千兆位以太网。超五类双绞线也是采用 4 个绕对和 1 条抗拉线，线对的颜色与五类双绞线完全相同。

（h）超五类非屏蔽双绞线

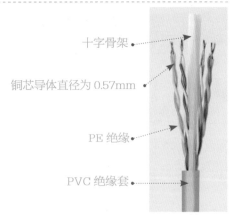

十字骨架

铜芯导体直径为 0.57mm

PE 绝缘

PVC 绝缘套

六类非屏蔽双绞线的各项参数都有大幅提高，带宽也扩展至 250MHz 或更高。六类双绞线在外形和结构上与五类或超五类双绞线都有一定的差别，如增加了绝缘的十字骨架，将双绞线的四对线分别置于十字骨架的四个凹槽内，提高了电缆的平衡特性和串扰衰减。

（i）六类非屏蔽双绞线

图 5-6 家装中常用的弱电电缆（续）

5-3　电材料之开关插座面板

1.开关的种类　开关是用来接通和断开电路的元件，如图5-7所示。

在家装中，开关是用来接通和断开电路中使用的灯具等电器，有时为了美观而使其有装饰的功能。

图5-7　开关

在家装中，常用的开关主要有旋转开关、跷板开关等，如图5-8所示。

开关的面板材料最好采用PC阻燃材料。

注意：不能与节能灯和日光灯配合使用。

旋转开关是以旋转手柄来控制主触点通/断的一种开关。旋转开关不但有开关的功能，还有调节灯光明暗的功能。

（a）旋转开关

图5-8　家装中常用开关

单极翘板开关只能控制单个回路。　　双极翘板开关可以控制 2 个回路。

翘板开关的开关操作面大，拥有更高的安全性，并且有的翘板开关还带有荧光或微光指示灯。

三极翘板开关可以控制 3 个回路。

（b）翘板开关

图 5-8　家装中常用开关（续）

2. 强电插座

插座是指有一个或一个以上电路接线可插入的座，通过它可插入各种接线，便于与其他电路接通。图 5-9 所示为家装中常用的强电插座。

三孔插口 ⸱⸱⸱

插座的面板材料最好采用PC阻燃材料。⸱⸱⸱

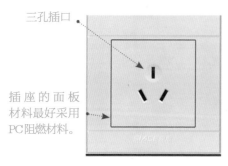

多功能双孔插口

三孔插口

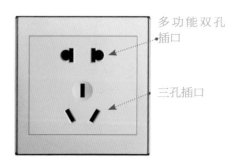

（a）三孔插座　　　　　　　　　（b）五孔插座

图 5-9　强电插座

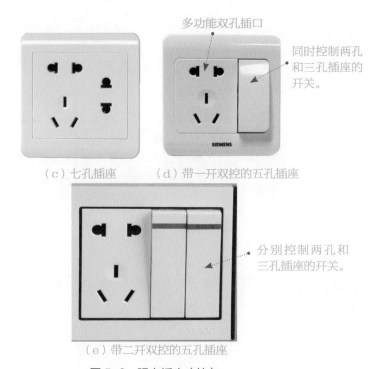

多功能双孔插口

同时控制两孔
和三孔插座的
开关。

（c）七孔插座　　　（d）带一开双控的五孔插座

分别控制两孔和
三孔插座的开关。

（e）带二开双控的五孔插座

图 5-9　强电插座（续）

3. 弱电插座　　　　家装中常见的弱电插座主要有电视插座、电话插座、电脑插座（网络插座）等，如图 5-10 所示。

电视插座主要用来连接有线电视信号和电视机。

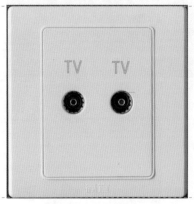

电视插座有带分支的和不带分支的，带分支的插座一个面板有两个 TV 接口。

图 5-10　弱电插座

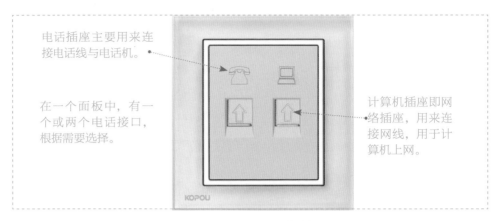

电话插座主要用来连接电话线与电话机。

在一个面板中，有一个或两个电话接口，根据需要选择。

计算机插座即网络插座，用来连接网线，用于计算机上网。

图 5-10 弱电插座（续）

4.开关插座的选购方法

开关插座选购方法如图 5-11 所示。

❶ 看开关插座额定电流：开关尽量选大电流开关，一般空调、热水器的插座选择额定电流为 16A 的，连接电器较多的插座也尽量选择 16A 的，一般的插座选择 10A 即可。

❷ 看开关插座外壳材料：一般好的开关插座产品都选用优质 PC 料，PC 料阻燃性能好、抗冲击、耐高温，不易变色。好的开关正面面板和背面的底座都会采用 PC 料。

图 5-11 开关插座选购方法

❸ 购买开关插座时还应掂量一下单个开关的分量。因为只有里面的铜片厚，单个产品的重量才会大，而里面的铜片是开关插座最关键的部分，如果是薄的铜片将不会有同样的重量和品质。

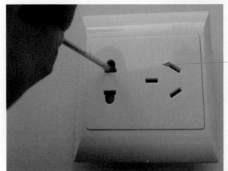

❹ 看保护门：好的插座保护门单插一个孔一般是打不开的，只有两个孔一起插才能顶开保护门。挑选插座的时候，建议用螺钉旋具刀或小钥匙插两孔的一边和三孔下边的任意一孔。插得进就是单边保护门。

❺ 看铜片材料：如果是紫红色，说明插口内材料为锡磷青铜，这样的插座质量一般都比较好；如果里面的铜片是明黄色，说明采用的黄铜，黄铜没有弹性，质地偏软，使用时间稍长导电性能就会下降。

❻ 看五孔插座二三插口之间的距离：有些产品设计不到位，二孔插口和三孔插口距离比较近，插头插了三孔插口，因为插头太大，把地方占了，两孔插口就成了摆设。

图5-11 开关插座选购方法（续）

❼ 看开关的触点：触点就是开关过程中导电零件的接触点。触点一看大小（越大越好），二看材料。触点材料主要有两种：银合金、纯银。银合金是目前比较理想的触点材料，导电性能和硬度较好，也不容易氧化生锈。纯银材料则容易氧化，性能大打折扣。

❽ 看开关结构：目前较通用的开关结构有两种：滑板式和摆杆式。滑板式开关声音厚重，手感优雅舒适；摆杆式声音清脆，有稍许金属撞击声，在消灭电弧及使用寿命两方面比滑板式结构较稳定，技术成熟。

❾ 看开关压线：双孔压板接线较螺钉压线更安全。因前者增加导线与电器件接触面积，耐氧化，不易发生松动、接触不良等故障；而后者螺钉在坚固时容易压伤导线，接触面积小，使电件易氧化、老化，导致接触不良。目前好的产品均采用双孔压板接线方式。

❿ 选购开关时用手试一下：用食指、拇指分按面盖对角成端点，一端按住不动，另一端用力按压，面盖松动、下陷的产品质量较差，反之则质量良好。

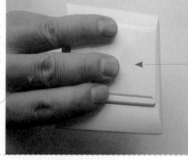

⓫ 用手尝试按开关一下，弹簧强度大，手感一定是清脆有力，而那种手感涩滞的，一定是弹簧强度不足，或者结构不佳，会导致分断拖泥带水不干脆，电弧较强，危险性大。

图 5-11　开关插座选购方法（续）

❺-4　电材料之配电电器

　　家用配电电器需要在家中电路发生故障时能够做出准确动作，继续进行可靠工作，使电器不被损坏。常用的家用配电电器主要是带漏电保护器的空气开关和断路器，如图 5-12 所示。

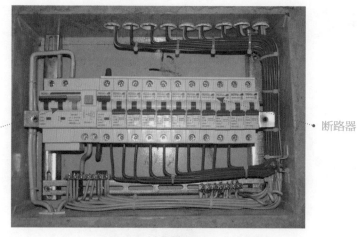

图 5-12　配电电器

1.空气开关

空气开关又称空气断路器，是断路器的一种。带漏电空气开关是指带漏电保护功能的空气开关，如图 5-13 所示。

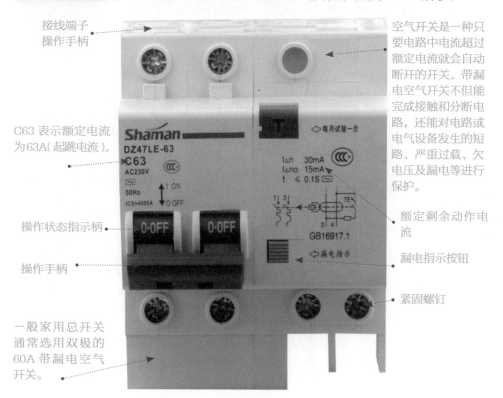

带漏电空气开关

断路器

接线端子操作手柄

C63 表示额定电流为 63A(起跳电流)。

操作状态指示柄

操作手柄

一般家用总开关通常选用双极的60A 带漏电空气开关。

空气开关是一种只要电路中电流超过额定电流就会自动断开的开关。带漏电空气开关不但能完成接触和分断电路，还能对电路或电气设备发生的短路、严重过载、欠电压及漏电等进行保护。

额定剩余动作电流

漏电指示按钮

紧固螺钉

图 5-13　带漏电保护器的空气开关

2.断路器　　断路器又称自动开关，它既有手动开关作用，又能自动进行失电压、欠电压、过载和短路保护，如图 5-14 所示。

断路器从工作原理上就是一个开关，起到接通或切断电路的作用。

额定电流

单极断路器

一般家用断路器中，照明开关使用 16A 的断路器、空调开关使用 40A 断路器、普通插座开关和厨卫插座开关都使用 30A 的断路器。

双极断路器

目前家庭使用 DZ 系列的小型断路器，常见的型号 / 规格有 C16、C25、C32、C40、C60、C80、C100、C120 等，其中 C32 表示起跳电流为 32A。

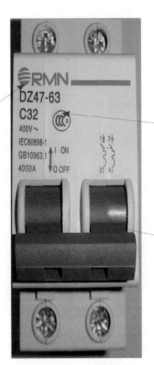

"DZ47-63"是断路器的型号，DZ47 表示微型断路器，63 表示断路器的壳架等级额定电流为 63A。如果型号是 DZ47LE-63，这里的 LE 表示带漏电脱扣功能。

家装中通常 1.5mm² 线配 C10 的开关，2.5 mm² 线配 C16 或 C20 的开关，4 mm² 线配 C25 的开关，6 mm² 线配 C32 的开关。

图 5-14　断路器

⑤-5 电材料之管材

<table>
<tr><td>

1.PVC 电工套管

</td><td>

目前家装中使用的电工管材主要是 PVC 套管（PVC-U 套管），如图 5-15 所示。

</td></tr>
</table>

PVC 管（PVC-U 管）的主要成分为聚氯乙烯树脂，它具有较好的抗拉伸、抗压、阻燃性；具有优异的耐酸、耐碱性、耐腐蚀性，不受潮湿水分和土壤酸碱度的影响。

图 5-15　PVC 电工套管

PVC 套管常见规格如图 5-16 所示。

PVC 电工套管的常见规格主要有公称外径 16mm、20mm、25mm、32mm、40mm、50mm、63mm 等。

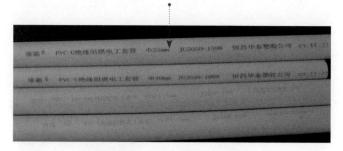

图 5-16　PVC 套管常见规格

<table>
<tr><td>

2.电工套管配件

</td><td>

家装中常用的 PVC 电工套管配件主要有锁扣、直接、管卡、接线盒和灯头盒等，如图 5-17 所示。

</td></tr>
</table>

锁扣是PVC线管与接线盒连接的接头，主要起固定与保护的作用。锁扣的规格主要有16mm、20mm、25mm等。

直接主要用来连接两根PVC线管，规格主要有16mm、20mm、25mm、32mm、40mm、50mm等。

（a）锁扣 　　　（b）直接

管卡主要用来固定PVC线管，其规格主要有16mm、20mm、25mm、32mm、40mm、50mm等。

在家装中，接线盒主要用在电线的接头部位或转弯部位，起过渡作用。电线管与接线盒连接，线管里面的电线在接线盒中连起来，起到保护电线和连接电线的作用。

一般装修中使用的接线盒是86型的，即开关插座面板的外径为86mm×86mm。

（c）管卡 　　　（d）接线盒

灯头盒主要起分线的作用，可以实现一条回路中串接多个灯具，从而可以减少回路数量。

灯头盒常见的尺寸为75mm×50mm。

金属灯头盒

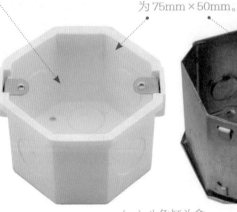

（e）八角灯头盒

图5-17　电工套管配件

⑤-6　灯具

　　很多新房装修完以后，当把所有的灯都打开时，新房看着非常漂亮，这也是设计师优秀灯饰设计方案的最终呈现。下面讲解一下灯具的种类和选购。

1.灯具的种类　　　一般来说，家庭居室所用的照明灯具，分为吊灯、吸顶灯、壁灯、台灯、落地灯、射灯等，如图 5-18 所示。

吊灯是指吊装在室内天花板上的高级装饰照明灯。吊灯主要适合于客厅照明。吊灯的形式繁多，常用的有锥形罩花灯、尖扁罩花灯、束腰罩花灯、五花圆球吊灯、玉兰罩花灯、橄榄吊灯等。

吸顶灯是指在安装时底部完全贴在屋顶上的灯。吸顶灯适合安装在客厅、卧室、厨房、卫生间等地方。吸顶灯常用的有方罩吸顶灯、圆球吸顶灯、尖扁圆吸顶灯、半圆球吸顶灯、半扁球吸顶灯、小长方罩吸顶灯等。光源有普通白灯泡，荧光灯，高强度气体放电灯、卤钨灯、LED 灯等。

壁灯是安装在室内墙壁上的辅助照明装饰灯具，一般多配用乳白色的玻璃灯罩。壁灯适合于卧室、卫生间照明。常用的双头玉兰壁灯、双头橄榄壁灯、双头花边壁灯、玉柱壁灯、镜前壁灯等。

图 5-18　灯具的种类

台灯主要放置在床头柜、写字台或餐桌上，以供照明之用。台灯的另一个功能是装饰。台灯不会影响整个房间的光线，光线局限在台灯周围，便于阅读、学习、工作，并且可以节省能源。

落地灯通常分为上照式落地灯和直照式落地灯。一般布置在客厅和休息区域里，与沙发、茶几配合使用，以满足房间局部照明和点缀装饰家庭环境的需求。

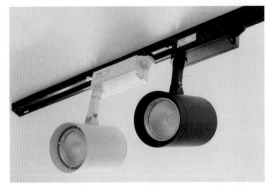

射灯的用途就像手电筒，主要起到聚光的作用，它既可对整体照明起主导作用，又可局部采光烘托气氛，射灯的反光罩有强力折射功能，可以产生较强的光线。同时，射灯还有装饰的作用，它容易营造出层次丰富的艺术感。射灯对空间、色彩、虚实感受都十分强烈而独特。射灯主要用于客厅、镜前灯、走廊等。

图 5-18　灯具的种类（续）

2.灯具的选购方法

在装修中挑选灯具时一定要注意几个细节。灯光在家里首要的任务是照明，其次是装饰效果。图 5-19 所示为灯具的选购原则。

选择灯具时，造型要根据具体的设计风格和环境选择。不同的设计风格、不同用途的房间对灯具的要求也不相同，所以要根据具体的空间来决定。而同一房间的多盏灯具，应保持色彩协调或者款式协调。

在预算有限的情况下，选择灯具时，客厅和餐厅一般是主人家的门脸，可以选择品质好价格高的灯具，卧室偏向于简单款的灯具。

选择灯具时，灯的大小可以偏大一点，这样在整个空间里显得大气。

图 5-19　灯具的选购技巧

不同功能的房间，应安装不同
款式和照度的灯具。客厅应该
选择明亮、富丽的灯具，卧室
应选择使人躺在床上不觉得刺
眼的灯具，卫浴间应选择样式
简洁的防水灯具，厨房应选择
便于擦拭、清洁的灯具。

选择灯具一定要注意安全问
题，选择正规厂家的灯具。
正规产品都标有总负荷，可
以确定使用多少瓦数的灯泡，
尤其对于多头吊灯最为重要，
即头数﹡每只灯泡的瓦数＝
总负荷。

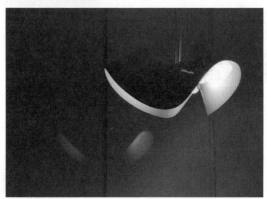

选购灯具时要注意灯泡更换的便
利性。大部分人都经历过更换吸
顶灯灯泡的尴尬，踩着桌子，踏
着凳子，仰首90°，抬双臂过头，
因此一定要考虑更换灯泡的便
利性。

图 5-19　灯具的选购技巧（续）

CHAPTER 6 家装水路暗装施工 操作实操

水路改造是家庭装修中非常重要的一个项目，不能因它是隐蔽工程，外表看不见，而忽视对它的改造。其中布局和选材都很重要，本章将进行详细讲解。

6-1 给水管路施工工艺流程

装修给水管路施工工艺流程如图 6-1 所示。

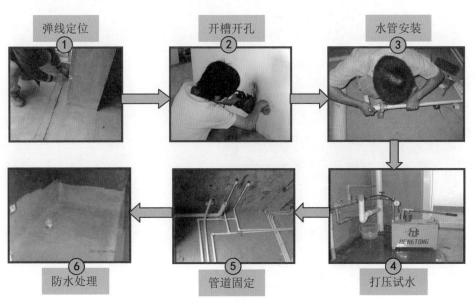

图 6-1　装修给水管路施工工艺流程

⑥-2 弹线定位

家装中的弹线定位如图 6-2 所示。

管路线尽量简洁，减少
水流损失。

为了保证开出来的槽横平
竖直，在开槽前要用墨斗
进行弹线。

家装中的施工尺寸要求如下。
（1）台盘冷热水高度：50cm。
（2）墙面出水台盘高度： 95cm。
（3）拖把池高度：60~75cm。
（4）标准浴缸高度：75cm，冷热水中心距：15~20cm。
（5）按摩式浴缸高度：15~30cm。
（6）淋浴高度：100~110cm，冷热水中心距：15~20cm。
（7）热水器高度（燃气）：130~140cm，热水器高度（电加热）：170~190cm。
（8）小洗衣机高度：85cm，标准洗衣机高度：105~110cm。
（9）坐便器高度： 25~30cm。
（10）蹲便器高度： 100~110cm。
上述提供的尺寸可供参考，但需要注意的是，每个家庭的装修情况都不同，可根据自己家庭装修的要求来进行调整。

打算安燃气热水器的业主要注意，
一定要在水电改造之前选好燃气热
水器的型号，并咨询商家此款热水
器的水口间距和冷热水方式，即左
边是热水，还是右边是热水，因为
目前燃气热水器的水口没有国标。

图 6-2　家装中的弹线定位

6-3 开槽开孔

家装中开槽开孔的方法如图 6-3 所示。

① 弹好线以后就是开暗槽，用切割机按线路割开槽面，再用电锤开槽。另外需要提醒的是，有的小区是承重墙钢筋较多较粗，不能把钢筋切断（影响房体质量），只能开浅（贴砖时需要加厚水泥）或走明管，或者绕走其他墙面。

② 水管开槽的深度是有要求的，冷水埋管后的批灰层要大于 1 cm，热水埋管后的批灰层要大于 1.5 cm。

③ 冷热水管分别开槽走管。铺设时应左热右冷，平行间距不小于 200mm；洗手间及厨房沿墙身横向铺设时应上热下冷，间距 100mm，最下面一条管必须走在做好的地面到墙身高度 400mm 处。

图 6-3　开槽开孔的方法

⑥-4　水管安装

　　安装前必须检查水管及连接配件是否有破损、砂眼、裂纹等现象。所有的排污管、排水管进场时都必须检查是否畅通，同时做相应的保护措施，防止沙石进入管内。

1.PP-R管的接熔方法　　PP-R 管的接熔方法如图 6-4 所示。

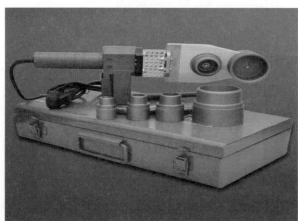

热熔器

❶ 首先用专用的标尺和合适的笔在管材上测量出实际使用的尺寸。然后用专用的剪切工具，剪切管材。

❷ 剪切后的管材端面应去除毛边和毛刺。管材与管件连接端面必须清洁、干燥、无油污。

图 6-4　PP-R 管的接熔方法

③ 选择合适的模头，当热熔器加热到240（指示灯亮以后），将管材和管件同时推进热熔器的模头内加热。

④ 管材插入不能太深或太浅，否则会造成缩径或不牢固。

⑤ 加热2分钟左右，当模头上出现一圈PPR热熔凸缘时，即可将管材、管件从模头上同时取下，迅速无旋转地直插到所标深度，使接头处形成均匀凸缘直至冷却，形成牢固而完美的结合。

图 6-4　PP-R 管的接熔方法（续）

2. 安装水管

装修安装水管的方法如图 6-5 所示。

① 安装前要将管内先清理干净，安装时要注意接口质量，同时找准各弯头、管件的位置和朝向，以确保安装后连接用水设备位置正确。

图 6-5　装修安装水管的方法

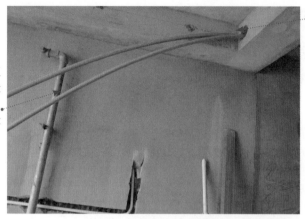

❷ 建议水管走顶。主要是水路改造大部分走暗管，水往低处流，如果管路走地下，一旦发生漏水很难及时发现，只有"水漫金山"或者地板变形以及漏到楼下，才会发现漏水，且由于水管暗埋很难查出漏水之处。走顶就是维修也不需要打碎磁砖。

水改的施工规范是"走顶不走地，走竖不走横"。

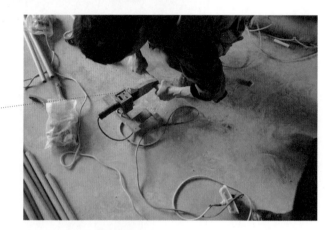

❸ PP-R 管在热熔时，必须清晰热熔器的接头，一定要平衡安装，不得有偏移现象。

❹ 给水槽或面盆留水口时，要注意不能留得太低，如果出水口太低，从出水口到水龙头一根软管不够长，还得再买一个软管接头来连接两根软管，接头越多，漏水的点就越多，而且浪费。

图 6-5　装修安装水管的方法（续）

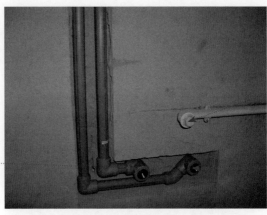

⑤ 冷热水的墙面出口一定要保证两个出口突出墙面的高度一致，落地的高度一致，而且两个出口都应该完全垂直于墙面，两个出口之间的距离应该为15 cm。

⑥ 水管安装好后，应立即用管堵把管头堵好，防止杂物掉进去。

⑦ 冷热水出口，要在一条水平线上，一般为左热右冷，方便日后使用。

图6-5　装修安装水管的方法（续）

⑥-5　打压试水

水管安装完后，接下来最重要的一步就是打压试水，打压时一般打8kg的压强，稳压后，维持30分钟左右，如果没有出现漏水，那么水改就完成了。如图6-6所示。

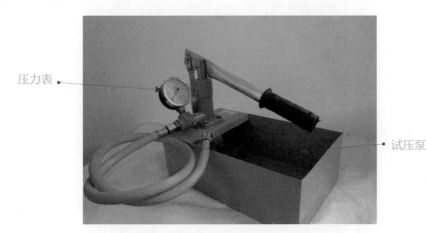

压力表

试压泵

图6-6　打压试水

❶ 测压方法：把冷热水管用软管连接在一起，这样冷热水形成一个圈，成一根管了，试压器接在任何一个出水口都可以，这时的压力指针为0。

❷ 当所有水管通路全部焊接好后才可以试压，在测压前要封堵所有的堵头，关闭进水总管的阀门。

❸ 在试压时要逐个检查接头、内丝接头，堵头都不能有渗水。

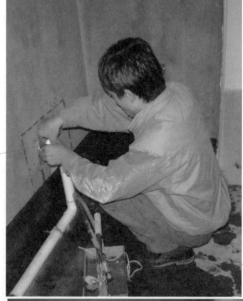

❹ 测压时，摇动千斤顶的压杆直到压力表的指针指向0.9～1.0，也就是说现在的压力是正常水压的3倍。保持这个压力值一定时间。不同是：水管测压时间不一样，PPR、铝塑PPR、钢塑PPR等焊接管是30分钟（只能超出不能少）。铝塑管的时间是4个小时（半个工作日）。镀锌管也是半个工作日。

❺ 试压器在规定的时间内表针没有丝毫的下降或者下降幅度小于0.1，说明水管管路是好的，同时也说明试压器也是正常工作状态。

❻ 切记每个堵头和水龙头等接口处不能有漏水现象。

图6-6 打压试水（续）

6-6 **管道固定**

在水管打压试水完成后，开始固定水管，如图6-7所示。

1 一般水路管线固定卡
子每400 mm固定一个，
弯头或拐弯两侧100～
150 mm固定一个卡子。

2 固定水管的卡
子有金属的，也有
塑料的。固定水管
时，将卡子套在水
管上，然后将卡子
固定在墙上。

3 冷热水出墙面的内丝
弯用20cm长单头螺纹直
管校正，包括水平试度、
垂直度、间距，校好后再
用水泥砂固牢（固定高度
高出墙面约15mm，以保
证铺设墙砖后，内丝角湾
高于墙砖2～3mm）。

图6-7 固定水管

❹ 封槽前需要对松动的水管进行稳固。还必须用水将槽湿透。封槽后的墙面、地面不得高于所在平面。

图 6-7　固定水管（续）

⑥-7　防水处理

家庭装修时，卫生间的装修是其中较为重要的部分，卫生间防不防水是衡量卫生间做得好不好的重要指标。

装修防水处理的方法如图 6-8 所示。

❶ 在进行卫生间的防水处理前，首先埋好给排水管、排污管，整平地面基层，在上面刮一层素水泥浆，待干后，再涂刷防水涂料。也可先做墙面防水，镶贴墙面瓷片时预留最底下一块不贴，以后再做地面防水。

❷ 如果地面不平，在涂刷防水涂料时就可能会涂不均匀，抑或是地面因为不平而容易裂开，即使是涂了防水涂料也会随着地面裂开。

图 6-8　装修防水处理的方法

③ 将防水涂料倒在桶之类的容器里，加入水后搅拌均匀。

④ 防水涂料涂刷的高度问题。卫生间的墙面上也需要做防水处理，一般都是自地平面向上在墙面上涂刷 30cm，这是为了不让积水渗透到墙面里形成返潮；不过有许多家庭都会使用淋浴房，在这一块区域就需要把防水涂料涂刷到 180cm，这样喷头的水就不容易渗入墙内；如果是浴缸，那么就把高度涂高到浴缸之上 30cm。如果该墙背面有到顶的衣柜，则防水层必须到顶。

⑤ 在墙与地面相接处，也包括角落部分，还有管与建筑连接处，这几个地方就要用高弹性的柔性防水涂料，这几个地方要特别注意，会漏水的地方经常是这几个地方。最好反复交错涂刷这些地方。

⑥ 防水层涂刷好后，需要晾一定的时间。这样是为了让防水层与墙面更好地融合在一起，以防止在之后的施工中对防水层造成破坏。这一点在之后的铺地砖过程中尤其要注意。

⑦ 最后一个细节问题就是做避水试验，需将卫生间内的下水口堵住，洒入适量的水，24 小时后不漏水即表示防水做好了。

图 6-8 装修防水处理的方法（续）

⑥-8　排水管路施工工艺流程

家装中排水管路的施工工艺流程如图 6-9 所示。

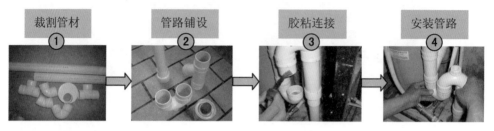

与厨房洗碗盆下水相连的排水管，管径为 50mm（dn50）。
与面盆、洗涤盆、浴缸、水池下水相连的排水管，管径为 32mm（dn32）。
与地漏相连的排水管，管径为 50mm（dn50）。
多个下水共用的排水管主管路，一般管径为 75mm（dn75）。
与坐便器下水相连的排水管，管径为 110mm（dn110）。

图 6-9　排水管路的施工工艺流程

⑥-9　PVC 排水管施工方法

PVC 排水管施工方法如图 6-10 所示。

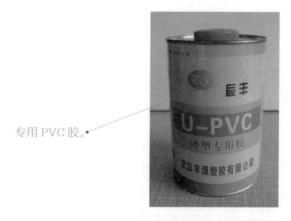

专用 PVC 胶

图 6-10　PVC 排水管施工方法

1 准备好要接的管件和专用PVC胶后，把直管锯成相应的尺寸。注意，加上插入管件的部分尺寸，应大致虚接一下，掌握基本比例。

2 在PVC管向上插入管件的部分抹胶。

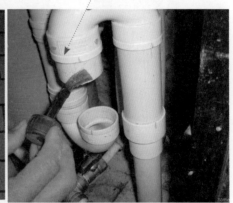

4 向下插入PVC管的管件，不用抹胶，直接插入即可，这样下水管还可调节。

3 插入管件粘牢。

图6-10 PVC排水管施工方法（续）

6-10 厨房排水管路连接

厨房的排水主要有下排水和侧排水两种，如图6-11所示。

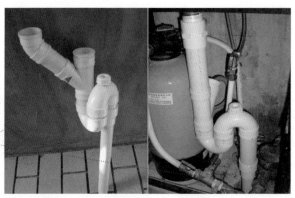

安装下排水管一般把返水弯装在最下端，这样可以多个下水共用一个返水弯。

侧排水的下水口在厨房主管道上，在地面以上，下水管有一部分横着通向主管道。

下排水在楼下面有返水弯，要是楼板上面再装返水弯，就是双重防味了，而侧排水是下水管横着连接在主下水管中，一般只能装一个返水弯。

图 6-11　厨房排水管路连接

6-11　多个排水的连接

有时厨房需要多个排水，对于多个排水的连接如图 6-12 所示。

下水口

❶ 有时厨房需要多个排水，这时就需要加三通来连接，三通可竖接、横接及斜接。如果安装的地方较小，就需要把三通锯短或变换方向。

❷ 在选择三通管件时，最好选择中间的出水口是90°的。

❸ 三通与返水弯连结最好中间不要露管，这样可最大限度地降低三通的高度，下水管件接的越低,排水越通畅。

图6-12 多个排水的连接

⑥-12 卫生间排水管路连接

卫生间排水管路连接如图6-13所示。

浴缸排水口

坐便器排水口

地漏

面盆排水口

一个标准卫生间一般应有四个排水点，浴缸、面盆、坐便器各需一个排水孔、一个冷水进水管，浴缸、面盆还各需一个热水进水管，地面上需要一个地漏。

图6-13 卫生间排水管路连接

⑥-13 洗衣机排水管路连接

洗衣机排水一般有两种情况，一是洗衣机放厨房里，二是洗衣机装在后阳台或卫生间。

洗衣机排水管路连接如图 6-14 所示。

洗衣机放厨房里一般排水管装在橱柜里，再把排水管接到洗菜盆下水管路上。

如果是在阳台或卫生间，可以把洗衣机的排水管接到地漏。

图 6-14　洗衣机排水管路连接

⑥-14 卫生器具安装高度

卫生器具安装高度见表 6-1。

表 6-1　卫生器具安装高度

名称	卫生器具边缘离地面高度（mm）	备注
架空式污水盆（池）	800	至上边缘

续表

名称	卫生器具边缘离地面高度（mm）	备注
落地式污水盆（池）	500	至上边缘
洗涤盆（池）	800	自地面至器具上边缘
洗脸盆、洗手盆（有塞、无塞）	800	自地面至器具上边缘
浴盆	500	自地面至器具上边缘
蹲式大便器（高水箱）	1 800	自台阶面至高水箱底
蹲式大便器（低水箱）	900	自台阶面至低水箱底
坐便器虹吸喷射式	470	自地面至低水箱底
坐便器外露排水管式	510	自地面至高水箱底

卫生器具给水配件的安装高度如表 6-2 所示。

表 6-2　卫生器具给水配件的安装高度

给水配件名称	配件中心距地面高度（mm）	冷热水龙头距离（mm）
厨房水槽冷热水角阀	450	150
架空式污水盆（池）水龙头	1 000	—
落地式污水盆（池）水龙头	800	—
洗涤盆（池）水龙头	1 000	150
洗衣机水嘴	1 000	—
住宅集中给水龙头	1 000	—
洗手盆水龙头	1 000	—
洗脸盆水龙头（上配水）	1 000	150
洗脸盆水龙头（下配水）	800	150
洗脸盆角阀（下配水）	450	—
浴盆水龙头（上配水）	670	150
热水器角阀	1 300	150
淋浴器截止阀	1 150	95
淋浴器混合阀	1 150	—
淋浴器淋浴喷头下沿	2 100	—
坐便器高水箱角阀及截止阀	2 040	—
坐便器低水箱角阀	150	—

CHAPTER 7 家装电工暗装施工操作实操

电路改造同上一章讲的水路改造在家庭装修中同等重要。水路改造也是隐藏工程，因此其质量、布局和选材直接影响日后的具体生活。本章将依照电工施工流程详细讲解。

7-1 电工施工工艺流程

家装电工施工工艺流程图如图 7-1 所示。

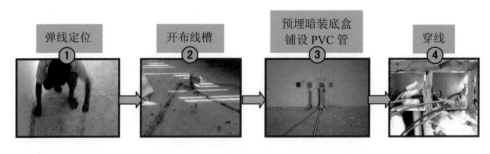

| 弹线定位 ① | 开布线槽 ② | 预埋暗装底盒铺设 PVC 管 ③ | 穿线 ④ |

图 7-1　施工工艺流程

7-2 弹线定位

弹线的具体操作方法是：两个人分别拿一条沾了墨的线的两端弹在地上或者墙上。作用是用来确定水平线或者垂直线，又或者作为砌墙的参考线。

家装时，根据设计图定位的要求，在墙上、楼板上进行测量，然后弹线进行定位，如图 7-2 所示。

墙面线路改造时，当直线段长度超过 15m 或折弯数量超过四个时，必须增设底盒，以便电线可拉动更换。

根据设计图的要求，在墙上确定盒、箱的位置，并进行弹线定位，按弹出的水平线用尺量出盒、箱的准确位置，并标出尺寸。

弹线是非常重要的步骤，为了使弹线更精确，工人会用高科技定位仪在墙上找到所需的高度，然后以此为基准再进行弹线。

弹好线的房子。

强、弱电电路不能在卫生间、厨房地面铺设，需走墙面和顶棚。

图 7-2　弹线定位

7-3　开布线槽

在弹好线后，用手提切割机开布线槽，如图 7-3 所示。

开槽要尽量规则，否则会造成墙面大面积损伤。开槽时要经过切割工具切割，如果开槽不经过切割，直接用凿子敲打墙面产生，会使墙壁原有的混凝土松动，甚至即将脱落而不被察觉。

PVC 管 在 墙 体 上开槽敷设时，距离墙面深度应不小于1.2cm。

应先割好盒、箱的准确位置再剔洞，所剔孔洞应比盒箱体稍大一些，洞剔好后，应将洞中杂物清理干净，然后用水把洞内四壁浇湿。

图 7-3　开布线槽

-4　铺设 PVC 电工套管

预埋暗装底盒，铺设 PVC 套管方法如图 7-4 所示。

1 首先用高标号水泥砂浆填入洞内，将入盒接头和入盒锁扣（内锁母）固定在盒孔壁，待水泥砂浆凝固后，方可接短管入盒箱。在楼板上预埋吊钩和灯头盒时，应特别注意花灯的吊钩应设于接线盒中心，吊钩宜在拆除模板后建筑粉刷前弯曲成型。

2 在布线套管时，同一沟槽内如超过两根线管，管与管之间必须留不小于1.5cm 的间缝，以防填充水泥或石膏时产生空鼓。

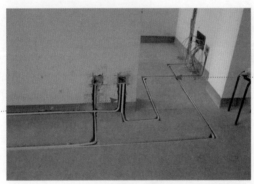

3 PVC 套管在墙体内交叉，用曲弯弹簧做出长 20cm的过桥弯。

4 PVC 套管与套管之间采用直接接头连接，接头与套管间用 PVC 胶粘结，以防松动。PVC 套管连接时，要将接头和PVC 套管清理干净，在管子接头表面均匀地刷一层PVC 胶水后，立即将刷好胶水的管头插入接头内，不要扭转，保持约15 秒不动，即可粘牢。

图 7-4 铺设 PVC 套管

7-5 PVC 电工套管弯曲加工

在铺设 PVC 电工套管时，遇到拐弯的地方，需要将 PVC 套管做弯曲加工。图 7-5 所示为 PVC 电工套管弯曲方法。

冷弯法适用管径不大于 32mm 的 PVC 管；管径大于 32mm 的 PVC 管应使用热弯法。

手工弯管法。先将弯管弹簧插入管内，两手抓住弯管弹簧在管内位置的两端，膝盖顶住被弯处，用力慢慢弯曲管子，考虑管子的回弹，弯曲度要控制合理，可以稍大一点，达到所需的角度后，抽出弹簧。

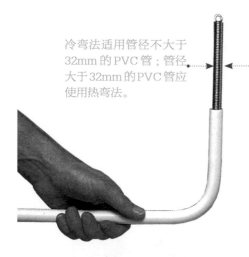

若弯管弹簧不易取出，可逆时针转动弹簧，使弹簧外径收缩，同时往外拉弹簧即可抽出，当管路较长时，可将弯管弹簧用细绳拴住一端，以便煨弯后方便抽出。

弯管弹簧

弯管器弯管法。将弯管弹簧插入管内，然后将管子插入手板弯管器内，手扳一次即可把管子弯出所需的角度。

图 7-5 PVC 电工套管弯曲方法

7-6 穿线施工

电工线管穿线方法如图 7-6 所示。

导线在开关盒、插座盒（箱）内留线长度不应小于15cm。

导线在管内严禁接头，接头应在检修底盒或箱内，以便检修。

弱电（电话、电视、网线）导线与强电导线严禁共槽共管，强、弱电线槽间距不小于10cm，在连接处电视必须在接线盒中用电视分配器连接。

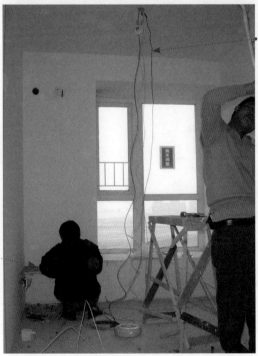

导线必须分色，插座线色中红色为相线，蓝色为零线，双色线为地线。开关线色中红色为火线，黄色为控制线。

图 7-6 穿线

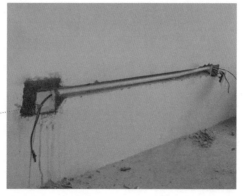

接线盒（箱）内导
线接头须用防水绝
缘粘性好的胶带牢
固包缠。

图 7-6　穿线（续）

7-7　导线绝缘层剥削加工

剥除导线绝缘层，常用钢丝钳或剥线钳、电工刀两类工具，如图 7-7 所示。

绝缘软线和截面积
2.5mm^{2}及以下的绝缘
单芯硬线。

带护套的多芯绝缘硬线
和截面积2.5mm^{2}以上的
绝缘导线。

图 7-7　剥线工具

| 1. 硬线绝缘层
剥除方法 | 塑料绝缘硬线的绝缘层剥除方法如图 7-8 所示。 |

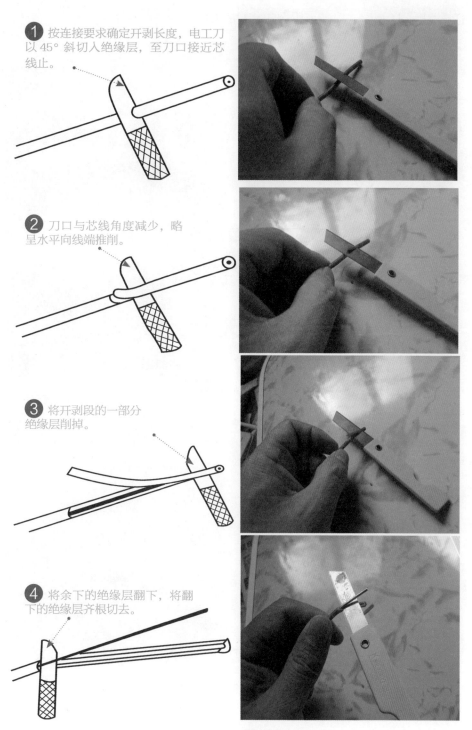

① 按连接要求确定开剥长度，电工刀以 45° 斜切入绝缘层，至刀口接近芯线止。

② 刀口与芯线角度减少，略呈水平向线端推削。

③ 将开剥段的一部分绝缘层削掉。

④ 将余下的绝缘层翻下，将翻下的绝缘层齐根切去。

图 7-8　硬线绝缘层剥除方法

2.护套线护套层的剥除方法

橡套电缆和塑料护套线护套层的剥除方法如图7-9所示。

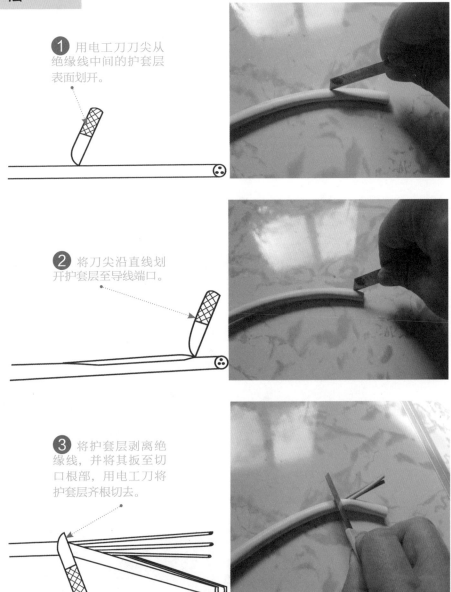

❶ 用电工刀刀尖从绝缘线中间的护套层表面划开。

❷ 将刀尖沿直线划开护套层至导线端口。

❸ 将护套层剥离绝缘线，并将其扳至切口根部，用电工刀将护套层齐根切去。

图 7-9　护套线护套层的剥除方法

④ 在离护套层切口10mm 处确定芯线的绝缘开剥点，然后开剥芯线的绝缘层。

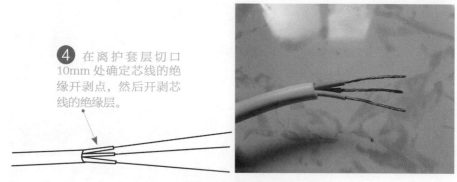

图 7-9 护套线护套层的剥除方法（续）

7-8 单股铜芯导线的连接

导线的连接要求：接触紧密，接头电阻小，稳定性好，与同截面同长度导线的电阻比应不大于 1；接头的机械强度不小于导线机械强度的 90%；接头的绝缘强度应与导线的绝缘强度一样；接头应能耐腐蚀。

1.单股铜芯导线的直线连接

单股铜芯导线的直线连接方法如图 7-10 所示。

① 将两根芯线成X 形相交。

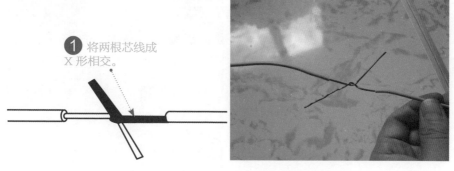

图 7-10 单股铜芯导线的直线连接方法

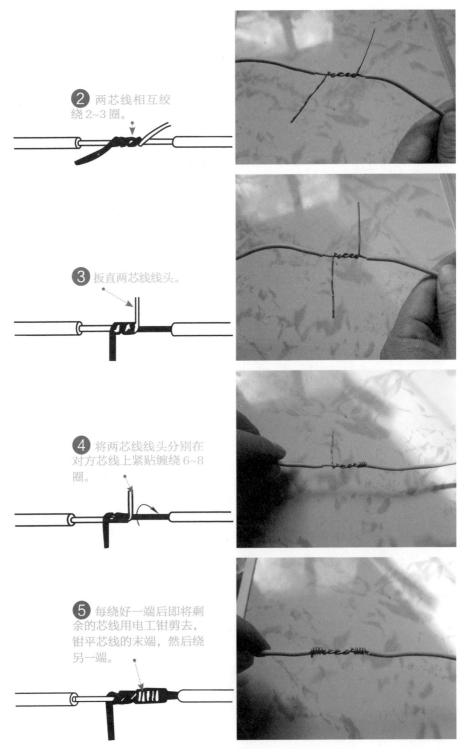

❷ 两芯线相互绞绕2~3圈。

❸ 扳直两芯线线头。

❹ 将两芯线线头分别在对方芯线上紧贴缠绕6~8圈。

❺ 每绕好一端后即将剩余的芯线用电工钳剪去，钳平芯线的末端，然后绕另一端。

图 7-10   单股铜芯导线的直线连接方法（续）

2.单股铜芯导线的 T 形分支连接

单股铜芯导线的 T 形分支连接方法如图 7-11 所示。

① 将支线芯线与干线芯线十字相交，支线芯线根部应留 3~5mm。

② 小截面芯线可先用支线芯线在干线芯线上打个结再缠线。

③ 按顺时针方向将支线芯线缠绕在干线上 6 ～ 8 圈。

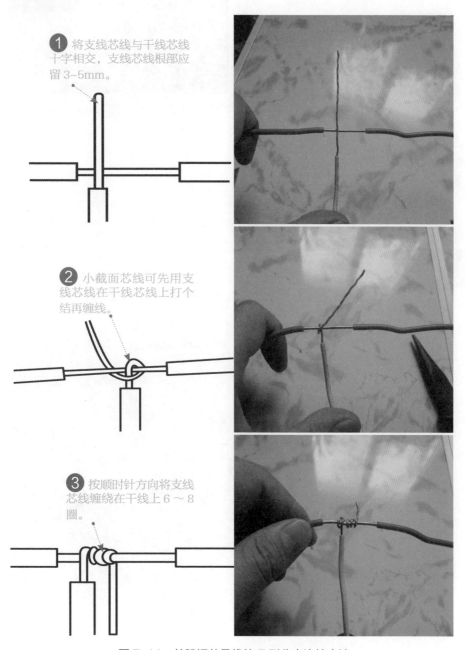

图 7-11　单股铜芯导线的 T 形分支连接方法

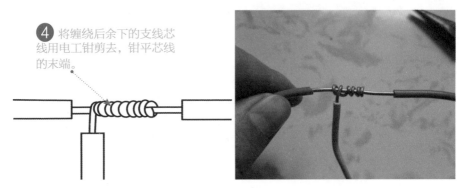

④ 将缠绕后余下的支线芯线用电工钳剪去，钳平芯线的末端。

图 7-11 单股铜芯导线的 T 形分支连接方法（续）

⑦-9 多股铜芯导线的连接

1. 多股铜芯导线的直线连接

多股铜芯导线的直线连接方法如图 7-12 所示（以 7 股铜芯线为例）。

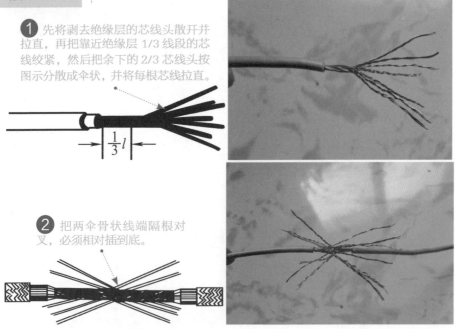

❶ 先将剥去绝缘层的芯线头散开并拉直，再把靠近绝缘层 1/3 线段的芯线绞紧，然后把余下的 2/3 芯线头按图示分散成伞状，并将每根芯线拉直。

$\frac{1}{3}l$

❷ 把两伞骨状线端隔根对叉，必须相对插到底。

图 7-12 多股铜芯导线的直线连接方法

❸ 捏平插入后的两侧所有芯线，并应理直每股芯线和使每股芯线的间隔均匀；同时用钢丝钳钳紧叉口处消除空隙。

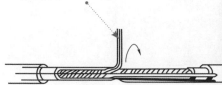

❹ 先在一端把邻近两股芯线在距叉口中线约三根单股芯线直径宽度处折起，并形成90°。

❺ 把这两股芯线按顺时针方向紧缠两圈后，再折回90°并平卧在折起前的轴线位置上。

❻ 第二组、第三组线头仍按第一组的缠绕办法紧密缠绕在芯线上。

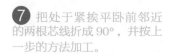

❼ 把处于紧挨平卧前邻近的两根芯线折成90°，并按上一步的方法加工。

图7-12 多股铜芯导线的直线连接方法（续）

⑧ 把余下的三根芯线按步骤 5 的方法缠绕至第 2 圈时，把前四根芯线在根部分别切断，并钳平；接着把三根芯线缠足三圈，然后剪去余端，钳平切口不留毛刺。

⑨ 另一侧按上述步骤方法进行加工。

图 7-12　多股铜芯导线的直线连接方法（续）

2. 多股铜芯导线的 T 形连接

多股铜芯导线的 T 形连接方法如图 7-13 所示。

① 将分支芯线散开并拉直，再把紧靠绝缘层 1/8 线段的芯线绞紧，把剩余 7/8 的芯线分成两组，一组四根，另一组三根，排齐。

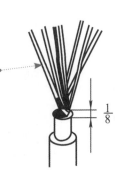

图 7-13　多股铜芯导线的 T 形连接方法

❷ 用旋凿把干线的芯线撬开分为两组，再把支线中四根芯线的一组插入干线芯线中间，把三根芯线的一组放在干线芯线的前面。

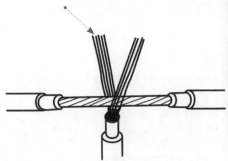

❸ 把三根线芯的一组在干线右边按顺时针方向紧紧缠绕3~4圈，并钳平线端。

❹ 把四根芯线的一组在干线的左边按逆时针方向缠绕4~5圈。

❺ 剪去多余线头，钳平毛刺即可。

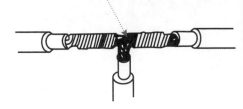

图7-13 多股铜芯导线的T形连接方法（续）

7 -10 同一方向的导线盒内封端连接

同一方向的导线盒内封端的连接方法如图 7-14 所示。

1 对于单股导线，可将一根导线的芯线紧密缠绕在其他导线的芯线上。

2 然后将其他芯线的线头折回压紧即可。

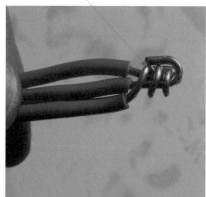

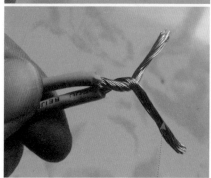
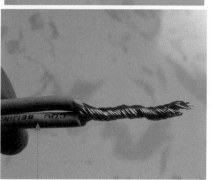

3 对于多股导线，可将两根导线的芯线互相交叉，然后绞合拧紧即可。

4 对于单股导线与多股导线的连接，可将多股导线的芯线紧密缠绕在单股导线的芯线上。

5 再将单股芯线的线头折回压紧即可。

图 7-14 同一方向的导线盒内封端连接

7-11　多芯电线电缆的连接

多芯电线电缆的连接方法如图 7-15 所示。

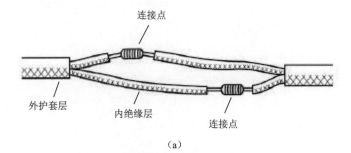

（a）

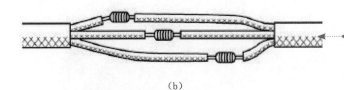

多芯电缆在连接时，应尽可能将各芯线的连接点互相错开位置，可以更好地防止线间漏电或短路。

（b）

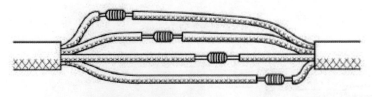

（c）

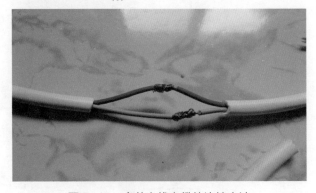

图 7-15　多芯电线电缆的连接方法

7-12 线头与接线柱（桩）的连接

家装中，开关、插座等的接线部位多是利用针孔附有压接螺钉压住线头完成连接的。线路容量小，可用一个螺钉压接；若线路容量较大，或接头要求较高时，应用两个螺钉压接。

| 1. 线头与针孔式接线桩的连接 | 线头与针孔式接线桩的连接方法如图 7-16 所示。 |

❶ 单股芯线与接线桩连接时，最好按要求的长度将线头折成双股并排插入针孔，使压接螺钉顶紧双股芯线的中间。如果线头较粗，双股插不进针孔，也可直接用单股，但芯线在插入针孔前，应稍微朝着针孔上方弯曲，以防压紧螺钉稍松时线头脱出。

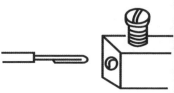

❷ 在针孔接线桩上连接多股芯线时，先用钢丝钳将多股芯线进一步绞紧，以保证压接螺钉顶压时不致松散。注意，针孔和线头的大小应尽可能配合。

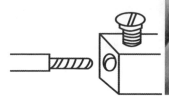

图 7-16　线头与针孔式接线桩的连接方法

2. 线头与螺钉平压式接线桩的连接

线头与螺钉平压式接线桩的连接方法如图 7-17 所示。

❶ 平压式接线桩是利用半圆头、圆柱头或六角头螺钉加垫圈将线头压紧，完成电连接。对载流量小的单股芯线，先将线头弯成接线圈。

❷ 对载流量小的单股芯线，先将线头弯成接线圈，再用螺钉压接。

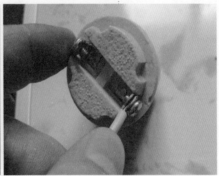

❸ 离绝缘层根部的3mm处向外侧折角。

3mm

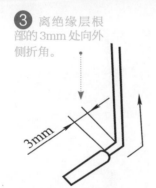
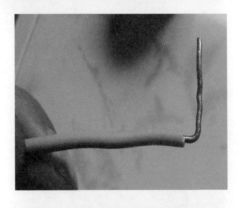

❹ 按略大于螺钉直径弯曲圆弧。

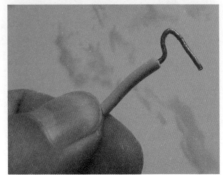

图 7-17　线头与螺钉平压式接线桩的连接方法

⑤ 剪去芯线余端。

⑥ 修正圆圈。

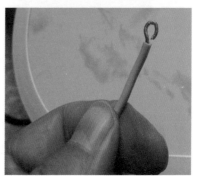

（a）单股铜芯导线的连接

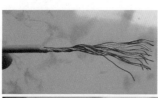

⑦ 对于横截面不超过 10mm²、股数为七股及以下的多股芯线，应按图所示的步骤制作压接圈。对于载流量较大，横截面积超过 10mm²、股数多于七股的导线端头，应安装接线耳。

（b）多股铜芯导线的连接

图 7-17 线头与螺钉平压式接线桩的连接方法（续）

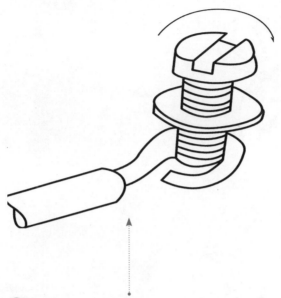

8 连接线头的工艺要求是：压接圈和接线耳的弯曲方向应与螺钉拧紧方向一致，连接前应清除压接圈、接线耳和垫圈上的氧化层及污物，再用适当的力矩将螺钉拧紧，以保证良好的电接触。压接时注意不得将导线绝缘层压入垫圈内。

（c）连接线头工艺

图 7-17　线头与螺钉平压式接线桩的连接方法（续）

3. 多芯软线与螺钉平压式接线桩的连接　　　多芯软线与螺钉平压式接线桩的连接方法如图 7-18 所示。

① 多芯软线接入接线桩前，应先将芯线绞紧，并直接将芯线在垫片下紧绕螺钉一圈，方向与螺钉旋紧方向一致。

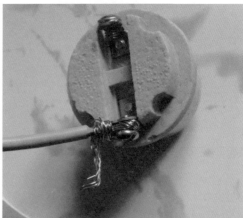

② 然后再自缠 1~2 圈；将多余的线端剪去，最后用螺钉旋具将螺钉旋紧。

图 7-18　多芯软线与螺钉平压式接线桩的连接方法

⑦-13　导线连接处的绝缘处理

　　导线连接处的绝缘处理通常采用绝缘胶带进行缠裹包扎。一般电工常用的绝缘带有黄蜡带、涤纶薄膜带、黑胶布带、塑料胶带、橡胶胶带等。绝缘胶带的宽度常用 20mm 的，使用较为方便。

　　对于 380V 电压线路，一般先包缠一层黄蜡带，再包缠一层黑胶布带。对于220V 电压线路，也可不用黄蜡带，只用黑胶布带或塑料胶带包缠两层。在潮湿场所应使用聚氯乙烯绝缘胶带或涤纶绝缘胶带。

1.一字形导线接头的绝缘处理

一字形连接的导线接头绝缘处理方法如图 7-19 所示。

1 先包缠一层黄蜡带，再包缠一层黑胶布带。将黄蜡带从接头左边绝缘完好的绝缘层上开始包缠，包缠两圈后进入剥除了绝缘层的芯线部分。

2 包缠时黄蜡带应与导线呈55° 左右倾斜角，每圈压叠胶带宽的 1/2。

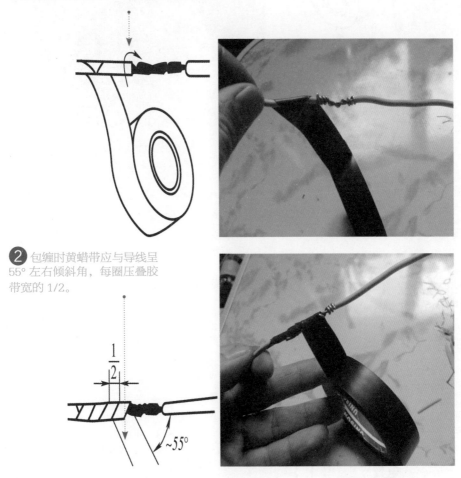

图 7-19 一字形连接的导线接头绝缘处理方法

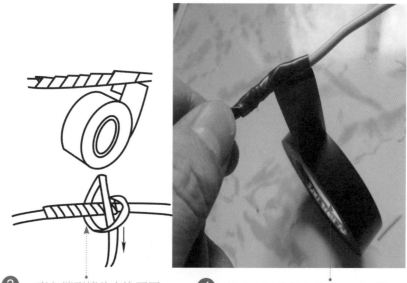

❸ 一直包缠到接头右边两圈距离的完好绝缘层处。然后将黑胶布带接在黄蜡带的尾端，按另一斜叠方向从右向左包缠。

❹ 仍每圈压叠胶带宽的1/2，直至将黄蜡带完全包缠住。包缠处理中应用力拉紧胶带，注意不可稀疏，更不能露出芯线，以确保绝缘质量和用电安全。

图7-19　一字形连接的导线接头绝缘处理方法（续）

2. T字分支接头的绝缘处理

T字分支接头的绝缘处理方法如图7-20所示。

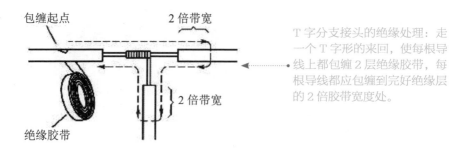

包缠起点

2倍带宽

绝缘胶带

2倍带宽

T字分支接头的绝缘处理：走一个T字形的来回，使每根导线上都包缠2层绝缘胶带，每根导线都应包缠到完好绝缘层的2倍胶带宽度处。

（a）示意图

图7-20　T字分支接头的绝缘处理方法

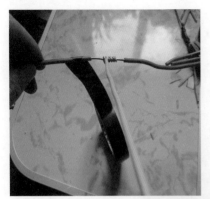

（b）实操线图

图 7-20　T 字分支接头的绝缘处理方法（续）

3.十字分支接头的绝缘处理

十字分支接头的绝缘处理方法如图 7-21 所示。

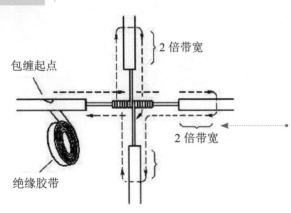

2 倍带宽

包缠起点

2 倍带宽

绝缘胶带

对导线的十字分支接头进行绝缘处理时，走一个十字形的来回，使每根导线上都包缠 2 层绝缘胶带，每根导线也都应包缠到完好绝缘层的 2 倍胶带宽度处。

（a）示意图

图 7-21　十字分支接头的绝缘处理方法

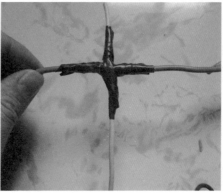

（b）实操线图

图 7-21　十字分支接头的绝缘处理方法（续）

7-14　插座开关的安装位置与高度

在家装过程中，若插座开关位置设计和安装不合理，将给生活带来很大不便，家装中插座开关的安装位置与高度见表 7-1。

表 7-1　插座开关的安装位置与高度

插座开关名称	距地面高度（cm）
普通墙面开关面板	135~140
普通插座面板	30~35
视听设备、台灯、落地灯、接线板等墙上插座	30
卧室床头面板	70~80
卧室床头面板距离床边	10~15
洗衣机插座	120~150
电冰箱插座	150~180
空调、排气扇等的插座	180~200
厨房灶台上方面板	120
厨房橱柜内部面板	65
厨房油烟机面板	210
卫生间插座下口	130
电热水器的插座	140~150
露台/阳台的插座	140
总电力控制箱	180

7–15　插座开关的安装方法

　　家装中插座开关的安装方法如图 7-22 所示（插座和开关的安装方法类似，这里以插座为例进行讲解）。

① 在安装插座时先对开关插座底盒进行清洁，特别是将盒内的灰尘杂质清理干净，并用湿布将盒内残存灰尘擦除。这样做可防止特殊杂质影响电路使用。

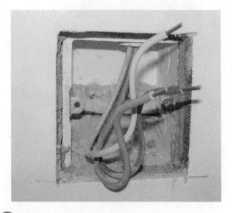

② 将盒内甩出的导线留出维修长度，然后削出线芯，注意不要碰伤线芯。将导线按顺时针方向盘绕在开关或插座对应的接线柱上，然后旋紧压头，要求线芯不得外露。

③ 拆解插座，准备安装。

④ 火线接入插座三个孔中的 L 孔内，零线接入插座三个孔中的 N 孔内并接牢。地线接入插座三个孔中的 E 孔内并接牢。若零线与地线错接，使用电器时会出现跳闸现象。

图 7-22　插座开关的安装方法

⑤ 将插座贴于塑料台上，找正 并用螺钉固定牢。

⑥ 安装完成。

图 7-22　插座开关的安装方法（续）

⑦-16　单开开关的安装接线

单开开关的接线方法如图 7-23 所示。

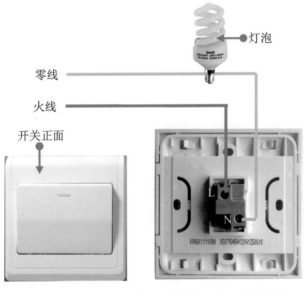

灯泡

零线

火线

开关正面

单开单控开关，后面有 两个触点，分别是 L 和 N（或 COM），L 代表 火线，N 代表零线，把 火线和零线分别接在 L 和 N 触点上即可。

（a）单开单控开关的接线方法

图 7-23　单开开关的接线方法

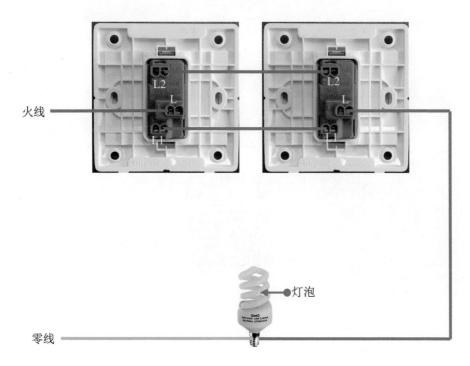

火线

灯泡

零线

单开双控开关，后面有三个触点，分别是 L、L1 和 L2。两个单开双控开关可以共同连接一个灯泡，在不同的地方控制灯泡的开 / 关。

（b）单开双控开关的接线方法

图 7-23　单开开关的接线方法（续）

7-17　双开开关的安装接线

双开开关的接线方法如图 7-24 所示。

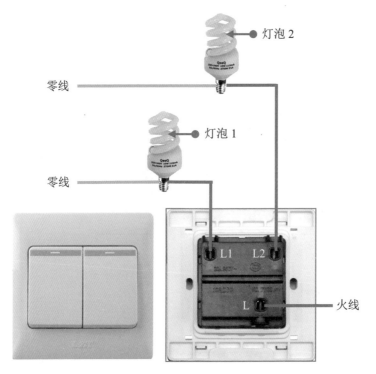

双开单控开关，后面有三个触点，分别是L、L1和L2，L接火线，L1和L2分别连接两个灯泡。

（a）双开单控开关接线方法

双开双控开关，后面有六个触点，分别是L1、L11、L12、L2、L21、L22。如果两个开关分别控制两盏灯，则L1接火线，L2和L1相连，L12和L22分别连接两个灯泡。

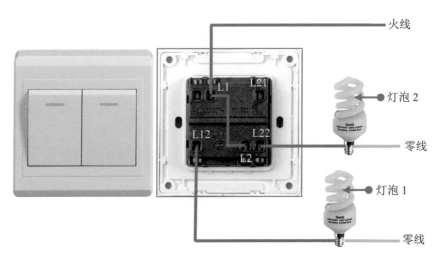

（b）双开双控开关接线方法（一个开关控制两个灯）

图 7-24　双开开关接线方法

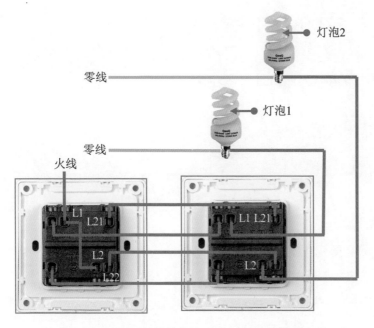

（c）双开双控开关接线方法（两个开关控制两个灯）

两个双开双控开关可以共同连接两个灯泡，在不同的地方控制两个灯泡的开 / 关。

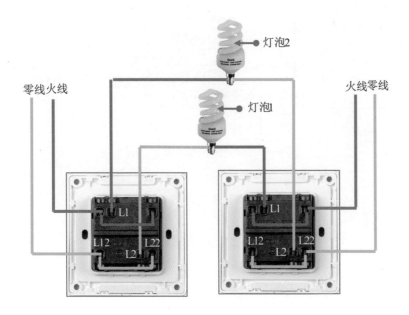

（d）双开双控开关接线方法（两个开关控制两个灯）

图 7-24 双开开关接线方法（续）

7-18 三开开关的安装接线

三开开关的接线方法如图 7-25 所示。

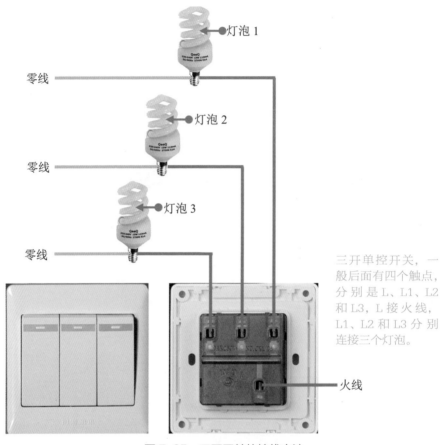

零线

灯泡 1

零线

灯泡 2

零线

灯泡 3

三开单控开关，一般后面有四个触点，分别是 L、L1、L2 和 L3，L 接火线，L1、L2 和 L3 分别连接三个灯泡。

火线

图 7-25　三开开关的接线方法

7-19 触摸延时开关的安装接线

触摸延时开关的接线方法如图 7-26 所示。

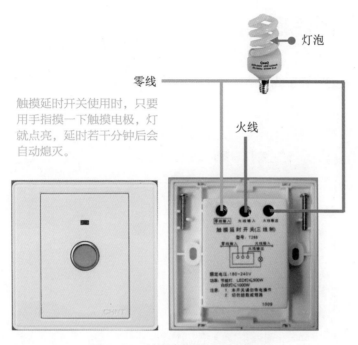

触摸延时开关使用时，只要
用手指摸一下触摸电极，灯
就点亮，延时若干分钟后会
自动熄灭。

图 7-26　触摸延时开关的接线方法

7-20　五孔插座的安装接线

五孔插座的安装接线方法如图 7-27 所示。

图 7-27　五孔插座的安装接线方法

7-21 **七孔插座的安装接线**

七孔插座的安装接线方法如图 7-28 所示。

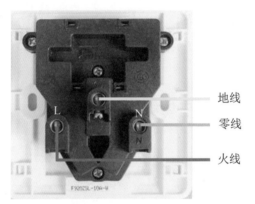

地线

零线

火线

七孔插座后面有 3 个触点，分别是 L、N 和地线，
L 代表火线，N 代表零线，■代表地线，把火线、
零线和地线分别接在 L、N 和■触点上即可。

图 7-28　七孔插座的安装接线方法

7-22 **五孔多功能插座的安装接线**

五孔多功能插座的安装接线方法如图 7-29 所示。

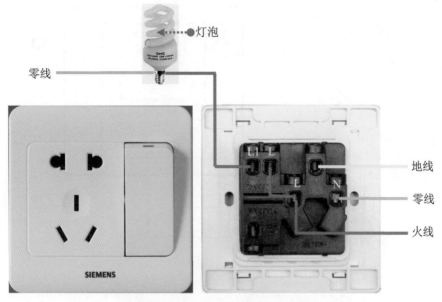

灯泡

零线

L1 L

L

N

地线

零线

火线

SIEMENS

图 7-29　五孔多功能插座的安装接线方法

7-23　智能开关的安装接线

　　智能开关是指利用控制板和控制电路组合，实现电路智能开关控制的单元。智能开关的主要功能如下：

　　（1）相互控制：房间里所有的灯都可以被每个开关控制，每个开关最多能控制 27 路。

　　（2）照明显示：房间里所有电灯的状态会在每一个开关上显示出来。

　　（3）多种操作：可本位手动、红外遥控、异地操作（可以在其他房间控制本房间的灯）。

　　（4）本位控制：可直接打开本位开关所连接的灯。

　　（5）全关功能：可一键关闭房间里所有的电灯或关闭任何一个房间的灯。

　　（6）断电保护：断电时所有的电灯将关闭，并有声音提示。

　　常见的智能开关主要有单联、双联、三联智能开关，它们的安装接线方法如图 7-30 所示。

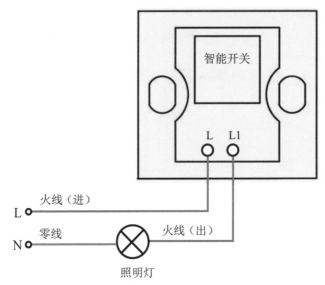

（a）单联智能开关接线方法

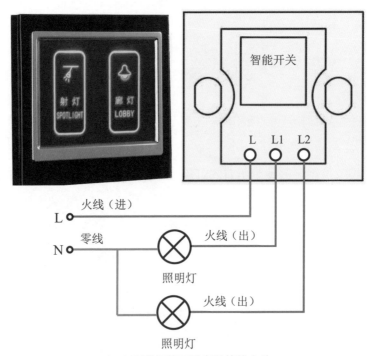

（b）双联智能开关安装接线方法

图 7-30　智能开关接线方法

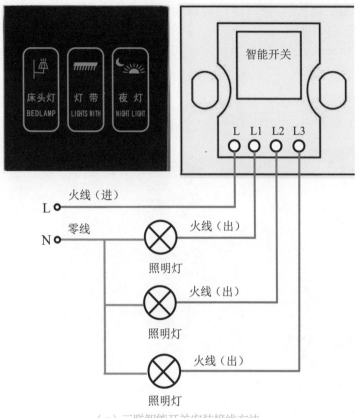

（c）三联智能开关安装接线方法

图7-30 智能开关接线方法（续）

7-24 智能插座的安装接线

智能插座是可以实现节能、安全、无线远程智能控制等功能的一种插座。智能插座主要包括以下三种：

（1）节能型智能插座可以主动切断电器电源以节省用电。使用时，将家用电器接到此插座上，然后将智能插座插到普通电源插座上。

（2）智能安全插座集成可编程(PLC)自动控制安全节能转换器和电器智能化待机节电模块，可以实现节电、安全的功能。

（3）Wi-Fi智能插座可以通过家庭中的Wi-Fi网络，让智能手机或平板电脑等在连网条件下，能通过 App 操作打开或者关闭指定的电器，如图 7-31 所示。

图 7-31　Wi-Fi 智能插座

智能插座安装接线方法如图 7-32 所示。

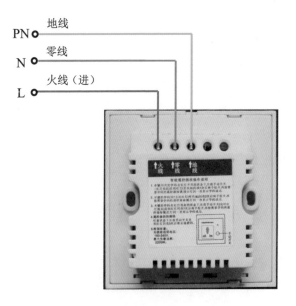

图 7-32　智能插座接线方法

⑦-25 智能窗帘控制器的安装接线

智能窗帘控制器可通过手机、计算机、平板电脑等移动终端控制窗帘电动机，远程实现窗帘的开启、关闭。

智能窗帘控制器接线方法如图 7-33 所示。

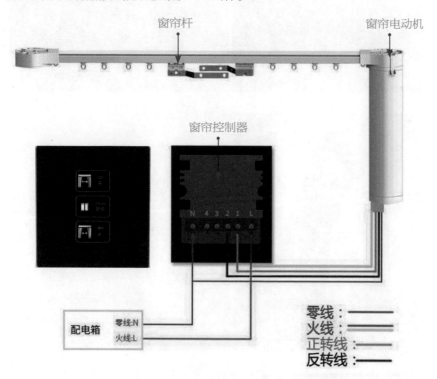

图 7-33 智能窗帘控制器接线方法

⑦-26 计算机和电话插座接线

1.计算机插座接线方法

计算机插座接线方法如图 7-34 所示。

❶ 用网线钳把网线外皮剪开。

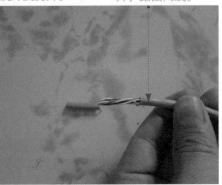

❷ 把网线外皮拨开，露出网线。

❸ 用网线钳把线芯剪齐。

❹ 打开计算机插座的护板。

图 7-34　计算机插座接线方法

⑤ 打开插座网线压线板。

⑥ 按照此颜色顺序把网线排列好。

⑦ 按照颜色说明排列好网线。

⑧ 将网线插入压线板的线槽，注意颜色顺序。

⑨ 先用手将压线板压回模块。

图 7-34　计算机插座接线方法（续）

⑩ 然后用钳子将压线板压紧。　　⑪ 安装完成。

图 7-34　计算机插座接线方法（续）

**2.电话插座接
线方法**

电话线制作方法如图 7-35 所示。

❶ 首先将电话线
外皮拨开。　　　　　　❷ 将电话插座
　　　　　　　　　　　　护板拆下。

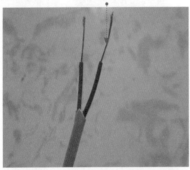

❸ 将其中一根电话线插入插座
1，然后拧紧螺钉。　　　❹ 将另一根电话线插入插座 2，
　　　　　　　　　　　　然后拧紧螺钉。

图 7-35　电话线制作方法

7-27 电视插座接线

电视插座接线方法如图 7-36 所示。

① 首先将电视插座的护板拆下。

② 拧下同轴电缆固定卡的螺钉。

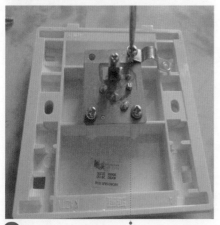
③ 拧下同轴电缆固定卡的另一个螺钉。

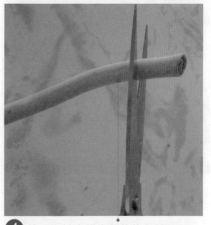
④ 剪开同轴电缆塑料绝缘保护层。

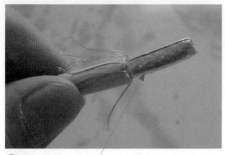
⑤ 将屏蔽层向下翻。

⑥ 继续剪开网状屏蔽层。

图 7-36 电视插座接线方法

铜芯

网状屏蔽层

7 将同轴线缆的铜芯插入插座接口，然后拧紧螺钉。

塑料绝缘保护层

8 将同轴线缆固定在金属卡扣内，然后拧紧螺钉。

图 7-36　电视插座接线方法（续）

第三篇
水电设备安装实操

本篇详细讲解了家装水设备和电设备的安装方法，分别对地漏、洗面盆、水龙头、坐便器、淋浴、厨房水槽、热水器、净水器、各种灯具、暖风浴霸等设备的安装方法进行了详细讲解。

通过对本篇内容的阅读，应掌握常用水设备和电设备的安装技巧，了解水电设备安装的注意事项。

CHAPTER 8 水设备安装技能实操

家装中常用的水设备包括地漏、洗面盆、水龙头、坐便器、花洒、厨房水槽、热水器等。这些设备的安装需要一些技巧，本章将进行详细讲解。

⑧-1 地漏施工实操

地漏作为污水流经的最终管口，安装处理不到位很容易藏污纳垢，后期的返味会令人非常难受。地漏施工方法如图 8-1 所示。

❶ 先打磨地漏PVC 管，使其表面增糙。

图 8-1 地漏施工方法

② 然后将地漏根部剔槽，槽的尺寸深10mm，宽20mm，剔槽部位嵌填雨水膨胀止水条。

③ 在地漏根部用防水堵漏宝抹弧，抹弧的直径为40～50mm。

④ 铺贴胎体增强布。布的宽度为200～300mm，平面搭接宽度为150～250mm，地漏内返尺寸宜为50mm且布不得有褶皱、不平、翘边现象。

⑤ 等地漏附加层干燥成膜后，开始做防水涂层。

图 8-1　地漏施工方法（续）

⑥ 铺贴瓷砖时，在地漏周边处要将瓷砖切成小块，将地漏包围。

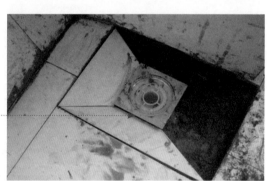

⑦ 铺贴瓷砖时，要调整瓷砖的坡度，让地漏处于卫生间地面的最低处。

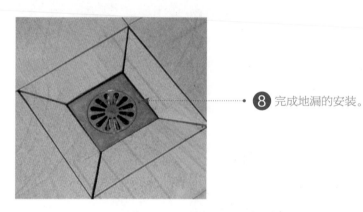

⑧ 完成地漏的安装。

图 8-1　地漏施工方法（续）

⑧-2　洗面盆和水龙头安装实操

洗面盆理想的安装高度为 800 ～ 840mm，安装洗面盆和水龙头的方法如图 8-2 所示。

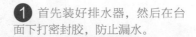

① 首先装好排水器，然后在台面下打密封胶，防止漏水。

② 准备安装水龙头，将冷水软管拧到水龙头上。

③ 再将热水软管拧到水龙头上。

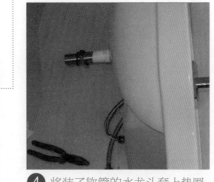

④ 将装了软管的水龙头套上垫圈，从盆底穿过，然后拧紧固定水龙头的螺钉。

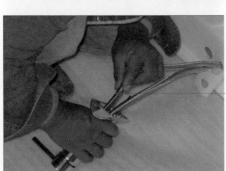

⑤ 先安装洗面盆柜面，然后在排水管上安装反水弯。

图 8-2　安装洗面盆和水龙头

⑥ 将刚才装好的洗面盆组装在面盆柜子上，并调整好墙距，并将洗面盆排水器与反水弯对接。

⑦ 把洗面盆的进水管和冷热水的进水管对接，并拧紧螺钉。

⑧ 安装完成后的洗面盆。

图 8-2　安装洗面盆和水龙头（续）

⑧-3　坐便器安装实操

坐便器理想的安装高度为 360 ～ 410mm。卫生间排水管道有 S 弯管的，应尽量选用直冲式坐便器，选用虹吸式坐便器后，安装上应留排气孔，使之保持同一气压以达到虹吸效果。坐便器的安装方法如图 8-3 所示。

① 首先根据坐便的情况确定下水口留多高，其余的切掉。

图 8-3　坐便器安装方法

❷ 在坐便器给水管上安装全铜的角阀。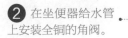

❸ 将坐便器底部封闭的孔再用玻璃胶封闭一次，防患于未然。如果只有一个出水口的坐便器省略此步骤。

❹ 将坐便器平放在软垫上，在坐便器排污口套上密封圈，尽量套得紧些。

❺ 连接水箱进水软管和过滤器，并开启检查连接点是否有漏水的痕迹。

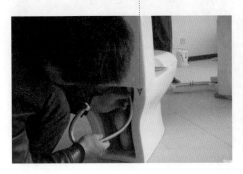

❻ 在地板上坐便器安放的位置涂抹一圈密封胶。

图 8-3 坐便器安装方法（续）

7 将排污口清洁干净，然后抬起坐便器，使排污口中心下水孔对正（如果坐便器需要螺栓固定，安装时要注意将固定在地板上的螺栓穿过坐便器的安装孔），然后向下压紧，直至坐便器平稳。

8 坐便器与地面接触面打上密封胶。

9 最后，按照盖板说明书的要求和步骤安装盖板即可。

图 8-3　坐便器安装方法（续）

8-4　淋浴安装实操

淋浴安装方法如图 8-4 所示。

1 安装出水管件，缠麻拧上，调整孔距。

2 拧上装饰底座。

图 8-4　淋浴安装方法

③ 装上分水阀，连接出水口的地方，包装里带有内垫儿，所以不用缠麻直接拧上。

④ 用板子将分水阀拧紧。

⑤ 花洒和连接管。

⑥ 将上水管拧到分水阀上。

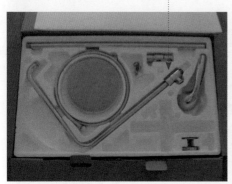

⑦ 装上分水阀和上水管后的样子。

⑧ 安装花洒上部的固定装置。先在墙上做好打孔记号，然后用电钻在墙上打孔，塞入木塞。之后将固定装置拧到墙上。

图 8-4　淋浴安装方法（续）

❾ 将花洒拧到上水管上，完成安装。

❿ 花洒安装完成后的样子。

图 8-4　淋浴安装方法（续）

⑧-5　厨房水槽安装实操

　　每个人所选的水槽款式都有差异，因此台面留出的水槽位置应和水槽的体积相吻合，在订购台面时应该告知台面供应商水槽的大致尺寸，以免碰到重新返工的问题。厨房水槽的安装方法如图 8-5 所示。

❶ 首先清洁台面。

❷ 将水龙头的冷热水管先安装到水龙头上，然后将水龙头安装到水槽上。安装水龙头要求安装牢固，而且连接处不能出现渗水的现象。

图 8-5　厨房水槽安装方法

❸ 安装水龙头时，先将冷热水管拧到水龙头上，然后垫上密封垫圈，用螺钉将水龙头固定到水槽上。

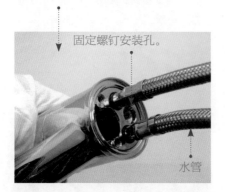

固定螺钉安装孔。

水管

❹ 安装冷热水进水角阀。

❺ 先安上水槽，然后在水槽的旁边贴上一圈胶布（可以在打胶时不致使玻璃胶粘到台面上），最后在台面上打胶。

❻ 用螺钉将水槽固定到台面上。

❼ 在安装过滤篮的下水管时，注意下水管和槽体之间的衔接，不仅要牢固，而且要密封。

❽ 将事先安装在水龙头进水管上的一端连接到进水开关处，安装时要注意衔接处的牢固，同时还要注意一个细节，就是冷热水管的位置，切勿搞错。

图 8-5　厨房水槽安装方法（续）

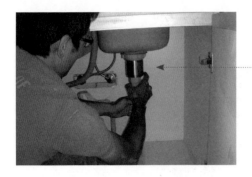

❾ 在安装溢水孔的下水管及整体的排水管时需要注意：下水管和槽体之间的衔接，不仅要牢固，而且要密封。

❿ 安装完成后的水槽。

⓫ 水槽安装完毕后，开始进行排水试验。做排水试验时，需要将水槽放满水，同时测试两个过滤篮下水和溢水孔下水的排水情况。排水时，如果发现哪里有渗水的现象，应马上返工。

图 8-5　厨房水槽安装方法（续）

⑧-6　热水器安装实操

　　热水器一般由专业人员进行组装、连接和调试，热水器的安装方法如图 8-6 所示。

❶ 安装前首先将热水器外壳打开。

❷ 拆开外壳后的热水器。此处为接线端。

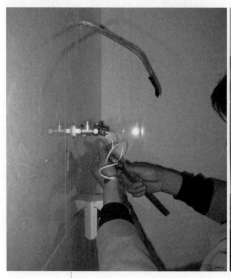

❸ 在墙上的冷／热水进／出水口，安装角阀。

❹ 将热水器放到安装位置，确定墙上固定孔的位置，并做好记号。

图 8-6　热水器安装方法

⑤ 用冲击钻在墙上固定位置打孔，然后将木塞塞入孔中。

⑥ 将预留的电源线接入电源线接口。连接热水器的电源线横截面积最好是 $4mm^2$，必须连接漏电保护器。

⑦ 用螺钉将热水器固定到墙上。

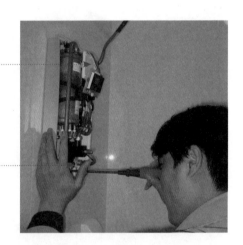

⑧ 首次试用的时候，第一要先通水，再通电，否则里面的发热体会瞬间被烧掉。

图 8-6　热水器安装方法（续）

⑧-7　净水器安装实操

　　购买净水器后，最好让厂家安装人员上门安装，尽量不要自行安装，以免出现漏水、堵塞等问题。安装方法如图 8-7 所示（以纯水机为例讲解）。

❶ 装滤芯。在确保主机不被磕碰的情况下，先将反渗透膜滤芯装入主机里专门的外壳中，再依次小心地将其他滤芯组装起来。

❷ 滤芯外面包裹了一层透明的薄膜，在装滤芯时尽可能不触碰到滤芯，只接触薄膜，防止滤芯被污染。

❸ 装储水桶接口。纯水机一般都配有储水桶，可以预先存水，在用的时候就不必等太久。

❹ 接水龙头。组装好净水器主机后，开始钻孔安装水龙头。

图 8-7　净水器安装方法

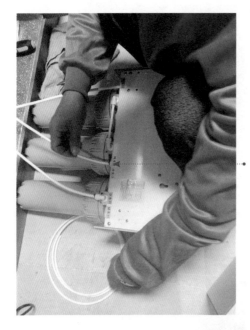

⑤ 接水管。将净水器配备的专用水管,接入用户的自来水管,将净水器分别与水龙头、储水桶、自来水管、排水管相连接。

⑥ 插电放水。净水器安装完毕后,需要接上电源,才能过滤纯水。打开净水器水龙头放水约5分钟,待蓄水罐存满一桶纯净水后,将其放掉或者用来洗碗洗菜,之后的水质即可饮用。

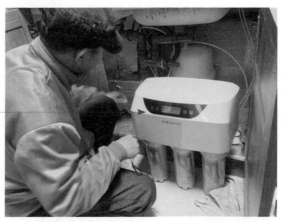

图 8-7 净水器安装方法(续)

CHAPTER 9

电设备安装技能实操

家装中常用的电设备包括智能照明系统、灯具、风暖浴霸等。这些设备的安装需要一些技巧，本章将进行详细讲解。

9-1 吸顶灯安装实操

吸顶灯多以扁平外形为主，与屋顶紧贴安装，就像吸附在天花板上，因而得名，如图 9-1 所示。

吸顶灯由于占用空间少，光照均匀柔和，所以特别适合在门厅、走廊、厨房、卫生间及卧室等处使用。

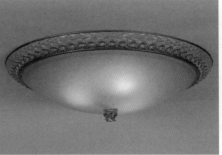

图 9-1 吸顶灯

吸顶灯的安装方法如图 9-2 所示。

1 先把底盘放在屋顶上，根据固定位置画出打孔的位置。

2 使用冲击钻在要安装的位置打孔。

3 用膨胀螺钉将这个洞填满。需要注意的是，膨胀螺钉的承载能力应与吸顶灯的重量相匹配，以确保吸顶灯牢固。

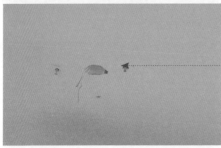

4 将屋顶的电线从底盘的孔内拉出来，并将底盘用螺钉固定在上述位置。

5 固定好后，将电线和底盘连接，在电线连接裸露的地方要用绝缘胶布包起来，最后装上灯和灯罩。

图9-2 吸顶灯的安装方法

9-2 吊灯安装实操

吊灯是在室内天花板上使用的高级装饰照明灯,其大气高贵的造型能彰显房屋的富丽堂皇。图 9-3 所示为房间中的吊灯。

吊灯无论是以电线或以铁支垂吊,都不能吊得太矮,否则阻碍人正常的视线或令人觉得刺眼。

使用吊灯要求房子有足够的层高,由于吊灯的重量原因要求固定更为牢固。

图 9-3 房间中的吊灯

吊灯安装方法如图 9-4 所示。

❶ 吊灯固定首先要画出钻孔点,使用冲击钻打孔,再将膨胀螺钉打进孔内。

❷ 由于吊灯的负重一般大于吸顶灯,要先使用金属挂板或吊钩固定顶棚,再连接吊灯底座,这样能让吊灯更牢固。

❸ 拧上光头螺钉,底座就安装好了。

❹ 连接电源电线,铜线外露部分使用绝缘胶布包裹。然后将吊杆与底座连接,调整合适高度。最后将吊灯的灯罩与灯泡安装即可。

图 9-4 吊灯安装方法

❺ 接下来开始组装灯具。

图 9-4　吊灯安装方法（续）

⑥ 灯具安装最基本的要求是必须牢固。安装各类灯具时，应按灯具安装说明的要求进行安装。如灯具重量大于3kg时，应采用预埋吊钩或从屋顶用膨胀螺栓直接固定支吊架安装。

图9-4 吊灯安装方法（续）

⑨-3 射灯安装实操

射灯是一种安装在较小空间中的照明灯，由于它是依靠反射作用，所以只需耗费很少的电能就可以生产很强的光，如图9-5所示。

射灯可以用来突出室内某一块地方，还可以增加立体感，营造出特别的气氛。

嵌入式射灯

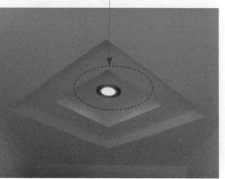

图9-5 居室中的射灯

射灯的安装方如图9-6所示。

❶ 射灯安装方法主要是嵌入式安装，一般根据装修计划预留线路，然后根据装修图纸量安装位置。

❷ 用电钻在天花板开好孔，适当地预留出射灯空槽。

❸ 用腻子将开孔的周围抹平。

❹ 然后拉出预留的电线，将电线连接到射灯上。

❺ 最后将射灯装到安装孔即可。

图 9-6　射灯的安装方法

9-4 风暖浴霸安装实操

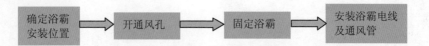

1.风暖浴霸的安装流程

卫生间浴霸的安装流程如下:

确定浴霸 安装位置 ➡ 开通风孔 ➡ 固定浴霸 ➡ 安装浴霸电线 及通风管

2.确定安装位置及开通风孔

确定安装位置及开通风孔如图9-7所示。

1 为了取得最佳的取暖效果,浴霸应安装在浴缸或沐浴房中央正上方的吊顶处。浴霸安装完毕后,灯泡离地面的高度应在2.1~2.3m。过高或过低都会影响使用效果。

2 确定墙壁上通风孔的位置(应在吊顶上方略低于器具离心通风机罩壳出风口,以防止通风管内凝结露水倒流入器具)。

图9-7 开通风孔

3.固定风暖浴霸

固定风暖浴霸的方法如图9-8所示。

① 在膨胀螺钉下端用铁丝缠紧，两头留的铁丝一样长。

② 用电锤在顶上打孔，用来插膨胀螺钉。

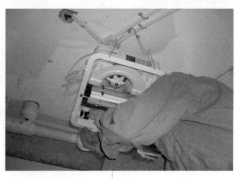

③ 将互连软线的一端与开关面板接好，另一端与电源线一起从天花板开孔内拉出，打开箱体上的接线柱罩，按接线图及接线柱标志所示接好线，盖上接线柱罩，用螺钉将接线柱罩固定。

④ 将四根铁丝穿入浴霸边缘的四个小洞，挂好。

图 9-8　固定风暖浴霸

4. 安装风暖浴霸

安装风暖浴霸的方法如图 9-9 所示。

❶ 将面罩定位脚与箱体定位槽对准后插入，把弹簧勾在面罩对应的挂环上。

❷ 将通风管的一端套上通风窗，另一端从墙壁外沿通气窗固定在外墙出风口处，通风管与通风孔的空隙处用水泥填好。

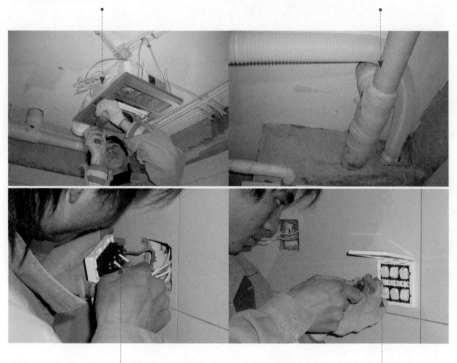

❸ 将浴霸的电线连接到浴霸开关上。

❹ 将开关固定在墙上。

图 9-9　安装风暖浴霸的方法